不要让未来的你讨厌现在安逸的自己

U0812592

◎著

中国纺织出版社

内 容 提 要

一个人如果年轻的时候不努力积累人生的资本，也许到了年迈的时候要花费加倍的时光才能尽量弥补。尤其是现代社会生存原本艰难，我们更要未雨绸缪，提前谋划人生。

很多年轻人都以年轻作为人生的资本，殊不知，人生如同白驹过隙，弹指一挥间就悄然远走。哪怕现在年轻的你，也不要随随便便就因为贪图安逸，而浪费了本该奋斗和拼搏的岁月。否则有朝一日，你一定会抱怨自己为何年轻的时候不努力，才导致年迈的时候徒伤悲！

图书在版编目（CIP）数据

不要让未来的你，讨厌现在安逸的自己／邹洐，陈伟著.
—北京：中国纺织出版社，2018. 4 （2019. 4重印）
ISBN 978-7-5180-4853-3

Ⅰ.①不… Ⅱ.①邹… ②陈… Ⅲ.①人生哲学-通俗读物
Ⅳ.①B821-49

中国版本图书馆CIP数据核字（2018）第056733号

责任编辑：闫　星　　特约编辑：李　杨　　责任印制：储志伟

中国纺织出版社出版发行
地址：北京市朝阳区百子湾东里A407号楼　邮政编码：100124
销售电话：010－67004422　传真：010－87155801
http：//www.c-textilep.com
E-mail：faxing@c-textilep.com
中国纺织出版社天猫旗舰店
官方微博http：//weibo.com/2119887771
北京市密东印刷有限公司印刷　各地新华书店经销
2018年4月第1版 2019年4月第2次印刷
开本：710×1000　1/16　印张：13
字数：118千字　定价：36.80元

凡购本书，如有缺页、倒页、脱页，由本社图书营销中心调换

前言

人人都羡慕成功者荣耀加身，头顶光环，而且还名利双收，生活也由此上升到更高的档次。甚至有人曾经无数次幻想，假如自己的父亲是某位掌握重权的官员，或者是和马云一样了不起的商人，那么自己的人生又将会怎么样？毋庸置疑，不管是官二代还是富二代，他们一出生的起点甚至比普通人奋斗一生的终点还要高。然而，现实生活告诉我们，很多富二代、官二代甚至包括近些年兴起的星二代，未必从娘胎里就会给自己带来璀璨夺目的人生，他们也有可能因为各种优越的条件，反而陷入懈怠的人生态度中，导致人生来了大反转，一改父母红红火火的势头，反而渐渐地没落了。

常言道，富不过三代，其实就是考虑到孩子们如果出生时环境过于优渥，说不定会导致其萎靡不振，缺乏斗志，也使得人生陷入被动之中。反而是那些穷苦人家的孩子，因为没有什么可以依靠的，所以凡事只能靠自己，也就不得不振奋精神，勇敢无畏地迎着人生走过去。

既然提起马云，就不得不说说马云当初创业的经历。在现代社会，几乎每个年轻人都会网购，也都离不开淘宝和天猫。这都是马云的功劳，让人们足不出户就可以买遍全世界。在享受便捷的网络购物的同时，还有多少人记得马云当初创业的艰难曲折呢？那些羡慕马云的人，梦想着有个爸爸叫马云，要知道马云曾经入不敷出，不得不到路边摆摊，才能坚持下去。在刚刚创办阿里巴巴时，马云经济上非常困难，为了节省开销，他不管去哪里都是乘坐自带的“11路车”，连打出租都舍不得。有一次，马云带着下属们去采购，因为东西太多，实在拿不动了，他们才在路边站了很久，终于打到一辆起步价最低的夏利。就算多花几块钱坐桑塔纳，马云也是舍不得的。所以朋友们，不要一味地只看到成功人士今日的荣耀和辉煌，而要更多探究他们成功背后的付出和艰辛。哪怕是那些专门搞学术研究的科学家，在科学的道路上也始终点灯夜读、挑灯苦战，在人生最初的积累阶段，他们的字典里从来没有安逸、享受、舒适等字眼。

现代社会，很多年轻人都眼高手低，好高骛远，尤其是很多刚刚走出大学校园的毕业生，更是觉得自己喝了这么多年的墨水，怎么着也算是个人才。殊不知，他们只知道理论知识，而且在知识更新换代速度越来越快的现代社会，他们的理论知识甚至还来不及走出校园就已经过时了。再加上毫无工作的经验，导致他们很难真正适应现代职场的要求。然而，梦想还是要有的，万一实现了呢！只不过我们需要调整好心态，端正工作的态度，在人生中的很多时候都能坚强勇敢，迎难而上。

人，最宝贵的是生命。人生，最宝贵的是青春年华。对于任何人而言，最值得珍惜的从来不是任何形式的财富，而是一去不复返的青春时光。趁着还年轻，趁着还有人人羡慕的资本，朋友们，在能吃苦的年纪就大胆地吃苦吧，否则一旦错过人生中最佳的青春时光，人生也就一去不复返，到时候再懊悔就彻底晚了。记住，谁人的青春不燃烧，如果不奋斗，青春又有何意义呢！朋友们，从青春的今日出发，你们必然会拥有无怨无悔的人生！

编著者

2017年8月

目录

第01章

你以为现在很安逸，那未来呢

如今的世界正处于和平年代，尤其是国家的飞速发展，使得整个社会的生活水平不断提高。人们丰衣足食，不再为基本的生存忧虑，而且有自己的工作，因此很多人安于现状，不再为自己的人生理想而不断努力。实际上，你以为现在很安逸，那么未来呢？未来，你必然会觉得非常痛苦，也会因为今日的放松和休闲感到懊悔不已。

未来总是反复无常

现在社会，很多年轻人都选择离开家乡，或者去大城市求学，或者去大城市求生存。总而言之，他们都在大城市里像无根的浮萍一样四处漂泊。他们没有显赫的家世，也没有让人瞩目的背景，有的只是一腔热血和满怀的雄心、希望与憧憬。他们漂泊大半生，也许只是为了在大城市安家落户，虽然这个梦想看起来很卑微，但是实际上实现起来却很难。生活中的事情总是难以预料，所以漂泊着的很多年轻人都对未来没有把握。他们也许今天还在这里，明天就到了那里，总而言之，没有人知道自己一定会在哪里安定地生活下去。相信很多朋友都有这样的感触，总是觉得人生反复无常，世事多变。也许事情前一刻还是那样的，这一刻就变成这样了，或者某一个人前一刻还在那个地方，这一刻就到了这个地方。不得不说，这样的人生的确变幻莫测，使人应接不暇。

然而，生命的魅力正在于此，假如人生是日复一日的千篇一律，相信有很多朋友会觉得人生枯燥乏味，甚至觉得活着毫无意义，所以我们总是一边感慨世事无常，一边充满昂扬的斗志，面对人生。当人到中年，我们也开始经历生生死死，对于生命的理解和感悟自然更加深刻。现代社会有很多人都是今朝有酒今朝醉，他们不顾明天怎么生活，只顾着这一刻尽情地狂欢。虽然我们主张要活在当下，但是这样的纸醉金迷也是不被提倡的。毕竟人生是一个漫长的过程，同时又如同白驹过隙般短暂，我们唯有规划好人生，才能够让人生变得充实且有意义。

在《大话西游》里，周星驰说人与人之间的距离是彼此相对不相识，其实人世间最遥远的距离是世事无常。也许一个人前一刻还光鲜亮丽高高在上，但是下一刻就蓬头垢面，一无所有，甚至背负着满身的债务，也许有的人今日家庭美满幸福，妻贤子孝，但是下一刻却变成孤家寡人。这并非是耸人听闻，而是因为世界上大多数人都曾经经历过这样的人生体验，也因为他们不知道世事无常，所以常常在面对生活的反复多变时感到手足无措，无所适从。只有认识到世事无常，我们才能够摆正心态，珍惜现在拥有的每时每刻，这样一来，我们也就能够更加从容地面对未来。

原本，他是想乘坐早晨的第一班班车出发，去大山外面的世界闯荡，为了给妻子女儿更好的生活。但是平日里乖巧懂事的女儿突然间早早醒来，在这个清晨抱着他的脖子啼哭不止。他看着年幼的女儿，感受到撕心裂肺的不舍之情，虽然明知道再不走就会错过第一班车，但是他依然无法狠心撇下女儿。最终，直到把女儿哄睡，他才奔向车站，赶上了第二班车。然而，在车行驶到半山腰时，他发现第一班车居然发生了事故，翻倒在山涧里。他惊出一身冷汗，如果不是女儿，他如今早已与家人、亲人天人永隔。

没有人知道下一秒会发生什么，很多人都觉得人生就是应该一天一天地过，因而抱着当一天和尚撞一天钟的心态，甚至觉得灾难永远也不会降临到自己身上。殊不知，这完全是自欺欺人。没有人能够控制生命不发生意外，而要想成为生命的主宰，坦然面对一切突发的情况，我们就要摆正心态，从而才能潇洒从容地面对这一切。但这么说并不是让我们消极地对待人生，而是告诉我们，唯有做好最坏的打算，才能坦然面对人生。毕竟人生不会永远以美好的面目对待我们，有的时候它也会面目狰狞，甚至让我们感到追悔莫及。在这种情况下我们要做好准备，不打无准备之仗，才能更加从容地应对人生。

有些勤奋，只会使人陷入安逸

现实生活中，很多人看似每天忙忙碌碌，实际上却是在穷忙，根本没有任何成就。也因为他们故步自封，把自己禁锢在现有的生活中，所以他们的勤奋只是使自己更稳定安逸而已。毋庸置疑，很多人都把岁月静好当成是自己的借口和理由，殊不知，岁月并不静好，而且也不可能静好。地球上的万事万物每天都随着地球的自转在转动，人生又怎么可能静止不动呢？当然，这是从物理的角度而言的，如果从精神的角度而言，人生也必须坚持进步，才能不断攀登。否则，过于墨守成规的人生只会陷入停止，永远也没有进步。

勤奋必须要把握好方向，唯有在正确方向的指引下，努力才能事半功倍，也才能帮助我们的人生稳步向前。正如人们常说的，生活如同逆水行舟，如果原地踏步，那么哪怕步伐再矫健，也无法起到预期的效果。就算是勤奋，也会起到完全相反的作用，导致人们更加陷入安逸之中，无法自拔，更无法摆脱自身的束缚，获得长足的发展。

大学毕业后，乔乔就被分配到家乡的一所小学教书。对于学校里的生活，乔乔觉得和大学生活并无太大的不同，就是教室和宿舍两点一线，每天的生活都稳定而有规律。有段时间，乔乔意识到自己的学历不够高，毕竟中专生当小学老师，虽然知识够用了，但是眼界还是很狭窄，也无法把老师的工作做得风生水起。为此，乔乔报名参加了函授班，想提升自己的学历水平，也想让自己成为更优秀的教师。

两年时间过去了，乔乔顺利地取得了专科学历，然而她因为每天按部就班地生活，所以变得斗志全无。看到那些当初去了大城市的同学，乔乔很羡慕，也暗暗抱怨自己不知道如何改变命运。然而，她越是努力，就觉得自己陷得越深，似乎自己被禁锢在这样的生活中无法自拔了。想到这里，她不仅感到绝望，也觉得自己的勤奋起到了相反的效果。三年同学聚会上，看到其他同学意气风发的样子，乔乔觉得自己简直就像是一个老妪，已经看到了退休之前的日子。有个上学时和乔乔关系很好的同学说："乔乔，如果想改变命运，就不要再为了成为一名教师而奔忙了。我倒是觉得你应该果断辞职，就像项羽当初破釜沉舟一样，你如今牵绊太多，也需要快刀斩乱麻，才能让自己的人生大开大合，迎接新的变化。"

同学的话让乔乔怦然心动，她当然也知道自己不能继续这样下去，但是她却无法鼓起勇气放弃现有的一切。最终，她不再那么勤奋，而是把自己逼入死角，让自己无法成为优秀的老师。痛定思痛，乔乔只好迎接人生的改变，从而勇敢地改变自己的人生。

有些勤奋，是岁月静好的勤奋。当然，每个人对于人生的追求都各不相同，如果一味地陷入勤奋，但是却怀有雄心壮志，那么就要反思自身，勤奋是否有助于我们实现自己的雄心壮志，还是勤奋只能使我们陷入一成不变的生活而无法自拔呢？毋庸置疑，每个人都有自己的人生理想，我们要做的是活出自己的精彩，而不是按照别人的标准去生活。

朋友们，从现在开始再也不要盲目勤奋，唯有保持内心的方向，我们的努力才能事半功倍，我们的勤奋也才能如愿以偿地改变命运。不管什么情况下，我们都要不忘初心，才能方得始终，否则如果我们一味地沉迷于过往，那么我们最终会失去人生的方向，也会变得碌碌无为。

稳定的工作真的好吗

提起工作，大多数人都会把“稳定”作为衡量工作好坏最重要的标准之一。他们觉得好工作一定要稳定，否则如果面临着巨大的压力，而且朝不保夕，那么就算暂时有丰厚的回报，也不能称为一份好工作。尤其是作为女孩子，在找工作的时候更是被七大姑八大姨灌输以稳定的定义。毫无疑问，这是因为大众对于工作的趋向就是稳定。

实际上，稳定的工作真的好吗？很多情况下，稳定的工作只会使我们变得被动，尤其是在遭遇很多困境的情况下，稳定的工作更是让我们看不到希望，觉得生活无望而又乏味。实际上现代社会是一个开放的社会，已经不存在什么所谓的金饭碗、铁饭碗，每个人要想在社会上生存，都要奋力拼搏，才能为自己赢得一席之地。否则一味地为了稳定，而放弃了自身的发展，这才是真正的得不偿失。为了稳定，很多年轻人把大好的青春时光都投入在没有出路的工作上，也为了稳定，很多年轻人不敢轻易辞掉工作，人到中年却又面临下岗、裁员等窘境。不得不说，现代社会已经没有真正稳定的工作，更不存在旱涝保收的待遇。任何工作都要与我们在工作上的表现挂钩，从而对我们起到更好的激励作用。

自从大学毕业后，张琳就如愿以偿地进入了一家国企工作。要知道，国企实力强大，而且效益稳定，所以很多同学都羡慕张琳的好运气，只有张琳知道这一切都离不开舅舅的鼎力相助。就这样，毕业十几年，张琳始终在国企的办公室里工作，每天风不打头雨不打脸，她也习惯养尊处优了。可惜，市场经济的洪流是无人能够抵制的，在张琳人到中年、上有老下有小之际，国企突然因为效益欠佳，采取了大幅度裁员。此时，张琳已经是中层管理者，原本她高枕无忧，觉得裁员肯定和自己沾不上任何关系，但是出乎她的预料，她居然首当其冲排在裁员的榜首。张琳不知道自己到底哪里做得不好了，因此赶紧托舅舅再去找人。这次，舅舅的关系也不灵光了，因为国企改制，换了老板，老板当然不愿意花那么多钱养着一个没什么用处的管理者。相反，新老板只需要去人才市场转一圈，就能找到很多刚刚毕业的大学生，他们不但对薪资要求没那么高，而且也无家室的拖累，所以在工作上能够全力以赴。

偏偏这时，张琳的妈妈还生病了，急需用钱做手术，而已经习惯了在办公室里喝茶的张琳，因为没有一技之长，所以一时之间根本找不到合适的工作。她暗暗懊悔自己白白浪费了十几年的青春时光，哪怕能借助于那段时间学习一些知识，提升自己的工作技能也好啊！痛定思痛，张琳也感到很庆幸，毕竟如今她还不到四十岁，只要抓紧时间给自己充电，还是有可能找到好的出路的。为此，张琳片刻也不敢耽误，马上行动起来，努力地改变自己的命运。

在这个社会上，虽然随着社会的不断发展，人们的很多观念都已经开放了，但是依然有很多人不懂得什么才叫真正的好工作。他们对于工作的考量似乎只有一个标准，那就是是否稳定。不得不说，稳定的工作有的时候会让我们陷入危机之中，正如古人所说的，人无远虑，必有近忧。而唯有能够给予我们压力和动力，督促我们不断前进的工作，我们才会更加鼓起勇气勇往直前。看似工作压力大、工作要求高，我们既吃亏上当也担惊受怕，实际上熬过最艰难的适应工作的阶段，我们就会发现一切并非我们想象中那么可怕。因为在不知不觉之中，为了适应工作，我们已经提升了自己，也让自己变得更从容果决了。

现代职场上，很多年轻人观念开放，已经不愿意从事稳定的工作，但是父母那一辈却依然很喜欢稳定的工作，甚至觉得只要找到稳定的工作，这一辈子就有了饭碗，就高枕无忧了。其实，时代的发展注定了如今已经没有稳定的工作，任何工作都存在优胜劣汰，而且知识更新的速度非常快，如果始终追求稳定，也必然会导致人们在工作中失意。其实，从心理学的角度而言，人们追求稳定的工作是为了追求“安全感”。正如很多六十多岁的人回忆往昔，总是纳闷当初虽然家家户户都很穷，但是不管做什么事情都有国家管着，就连房子也是国家给分，因此他们心里很踏实。而在现代社会，年轻人虽然挣钱越来越多，但是却很难得到真正的安全感。他们很清楚，自己必须砥砺前行，保持进步的态势，才能不被时代的洪流远远地甩下。所以朋友们，任何时候也不要把希望寄托在他人身上，奢望他人给予自己安全感。我们唯有不断学习，充实和提升自己，才能给予自己安全感，才能让自己值得自己依靠。记住，在该奋斗的年纪，我们无须选择安逸，唯有乘风破浪，我们的人生才能一往无前。

一切的努力奋斗，都不会平白无故

每个人都为了实现自己人生的梦想而不懈地努力着，尤其是在那些繁华的大城市，更是有无数的大学生、年轻人选择努力奋斗。他们之中，有的人最终获得了成功，获得了自己梦寐以求的房子车子，也获得了自己渴望的事业，但是有的人却始终默默无闻，哪怕付出了几十年的光阴，最终依然不得不回到家乡去生活。那么，穷尽一生在大城市奋力拼搏真的是有意义的吗？相信很多没有实现人生预期目标的人都会有这样的感慨和困惑，是啊，为了梦想付出人生，真的有意义吗？其实努力并非毫无意义，也可以说一切的努力奋斗都绝不是平白无故的。

正如奥斯特洛夫斯基笔下的《钢铁是怎样炼成的》中，保尔·柯察金所说的，人最宝贵的是生命，生命对于每个人来说都只有一次机会。的确如此，生命是一趟没有回程的旅行。错过的风景，一旦错过，便再也不会重现，而错过的时间和流年，一旦错过，便再也不会重回我们的人生之中。所以努力过的朋友们无须感到遗憾，哪怕并没有取得预期的结果，我们也可以为自己曾经努力过而感到满足。不可否认，很多时候哪怕再努力，也未必真的能够取得理想的结果，其实努力的意义也不仅仅局限于理想的结果，因为努力的过程就是人生最大的意义。换言之，如果有的人在人生中始终平庸，碌碌无为，那么他们的人生，即便有单飞的潜质，也会被错过。与此相反，只有努力的人才会更从容地面对失败的结果，或者说努力的人哪怕失败了，也因为自己曾经努力过而感到万分庆幸。毕竟，努力的人才有资格觉得自己的人生从来不曾虚度。从这个角度而言，努力就是努力最好的回报，付出就是付出最好的回报。既然我们做的是自己想做的事情，就无须过分纠结于结果，而要认可自己付出的意义和努力的价值。一个人之所以努力，难道一定是为了改变命运或者是成就精彩的人生吗？难道不是为了自己在将来渐渐老去的时候有值得回味的经历吗？

李刚的家在云南的一个偏僻山村。他的家乡非常贫穷，甚至走出家门，走出大山，就需要一天的时间，所以他的家人以及亲戚朋友、左邻右舍都很少出山，除非为了采购必要的生活用品，或者是过年的时候采购年货，他们总是留在大山深处，过着自给自足的生活。从现代社会的角度来看，他们生活得很不错，因为他们吃着自己种的无污染的绿色蔬菜，吃着自己饲养的没有任何激素的牲畜。然而从与现代社会接轨的角度而言，李刚深深感受到家乡的闭塞。

直到李刚考上大学，离开家乡去上学的时候，李刚的家乡还有很多人都在用洗衣粉洗头发。在现代文明社会，这几乎是不可想象的，但是在李刚的家乡，这是家家户户都在做的日常事情。李刚来到大学校园，因为走入了现代的社会，所以深深意识到家乡的闭塞。他甚至还记得当初为了填饱肚子不得不四处挖野菜。大学毕业后，李刚选择留在大城市，他很是义无反顾，因为他知道自己哪怕回到家乡，当一个小小的支教老师，也无法改变乡里乡亲的命运。所以，他想让自己做出成就，给家乡的人都树立榜样，从而激励他们更加勇敢地走出大山。

果然，李刚在公司待了几年之后，拥有了经验就跳槽到了另一家更好的公司。在坚持不懈的努力下，李刚进步神速。他非常努力，从不在休闲娱乐上花费任何时间，而是全身心地投入工作之中。没过几年，李刚就成为新公司的中层管理者，也成为事业有成者。他不但在大城市有房有车，而且还回到家乡把父母也接出来，让父母也能够享受大城市的文明生活。李刚回到家乡的时候堪称一景，场面壮观。大多数村民都跑到李刚家看热闹，他们看到西装革履的李刚就如同看到了一位不折不扣的成功人士，回到家里纷纷教育孩子一定要认真学习才能改变命运，才能在将来把父母也接出去享福。就这样，李刚回到家乡后，孩子们都开始努力学习，父母也更加重视孩子的学习，再也不觉得学习是无用的。为了帮助孩子们，让孩子更好地学习，李刚还捐赠了一些钱给村里的小学购买学习用具。一步一步地，李刚就这样实现了自己的心愿，以自己为榜样，改变了村民对待孩子读书上学的观点。

不管对于什么样的人生而言，对幸福的定义都是不同的。诸如事例中的李刚，他能够走出大山，能够以自己的成功激励村里更多的人家培养孩子上学，这就是他的梦想。他也的确做到了，他不但自己功成名就，而且也有能力孝顺父母，最重要的是他还捐款给村里的小学购买上学的用品，从而激励孩子们更加主动学习。这就是李刚努力的意义。在职场，很多人处于各种各样的地位，也有不各自不同的梦想，但是只要是做让自己开心的事，做自己想做的事情，这就是努力的意义。哪怕最终的结果并不能如我们所愿，只要我们曾经坚持付出过，这样努力就意义非凡。

朋友们，不要因为自己出身平凡就放弃人生，哪怕我们奋斗之后的终点线未必有别人的起点线那么高，我们也不能以此为借口放弃对人生的拼搏。任何时候，我们唯有不断改变自己的命运，集中自己所有的力量成就人生，我们的人生才会更加充实，我们也会活得比一切豪言壮语都更精彩。

过于安逸，使人陷入危机

如果一个人坐在沙发上看书，那么看着看着，他也许很快就会睡着。这是因为沙发实在太安逸舒适了，所以使人昏昏欲睡。中国古代，那些勤奋好学的学子总是头悬梁锥刺股，还有人使用圆形的枕木，就是为了谨防自己睡觉时间太长。不得不说，这样的精神是值得我们学习的。寒冷的冬日里，为了保持清醒，有些人不会穿太多的衣服，从而使自己的肌体始终处于警醒的状态。所以做人做事也应该避免过于安逸，避免自己陷入危机之中。

没错，过于安逸的状态使人的思维变得迟钝，因而不知不觉就会陷入危机。这是因为人的心理有所谓的“心理舒适区”。曾经有心理学家以海水作为例子，把人的心理状态分为三种，即岸边、浅水区和深水区。毫无疑问，每当到了夏天去到海边，大家很容易就会发现，大多数人都在岸边的沙滩上徜徉，让海水的波浪轻轻地抚触自己的脚。之所以岸边人最多，是因为不管是对于会游泳的人而言，还是对于不会游泳的人而言，岸边都能带给人们舒适安逸的感受。否则如果不会游泳的人进入深水区，就会出现生命危险，而会游泳的人，也不可能一直在深水区游动。岸边则不同，可进可退，可攻可守，可以在沙滩上徜徉，也可以在海水中漫步。这种进退皆可的状态，会给人带来非常美妙的感受。所以沉迷在心理舒适区的人，他们也是这样处于两种选择的边缘，诸如男人既渴望爱情，又眷恋单身，女人既想要减肥，又不想放弃口舌之欲。所以说，这种模棱两可的状态是很容易让人流连忘返的，也是很容易使人感到进退两难的。日久天长，人们必然会迷失自我，也很容易陷入危机之中。

还有些朋友，明明可以砥砺前行，却总是选择依靠拐杖。殊不知，生命之中，不管是父母也好，还是爱人朋友，抑或是孩子，都不可能陪伴我们一辈子，也不可能让我们依靠一辈子。一个人要想真正屹立于世，要想活出自己的人格和精神，就必须提升自己的能力，让自己摆脱安逸，始终奋勇向前。遗憾的是，生活中大多数人都在盲目追求闲散的生活，恨不得不用工作就能取得报酬。这一切都是人们懒惰的本能在作祟，正如人们常说的，舒服莫若躺着，好吃不过饺子。实际上，明智的朋友知道，人生必须一刻也不停地奋勇向前，才能保持进步的态势，才能不被他人甩下。当然，我们的外驱动力总是有限的，要想让自己始终具有强劲的动力，我们就要发自内心地意识到内驱动力的作用，从而才能最大限度地发展自己，也是成就自己。

很多职场人士都曾经有过这样的体验，即在紧张忙碌的工作中，从周一到周五都在盼着周末的到来，更盼望着自己有朝一日可以不用工作，只要吃喝玩乐即可。然而等到真的不幸失业，哪怕得到经济上的援助，不必为吃穿住用发愁，但是他们在赋闲一段时间之后，就会觉得难以忍受。他们变得越来越暴躁不安，也不知道如何才能更好地面对人生，经营人生。他们每天都百无聊赖，觉得人生毫无意义可言。最终，他们迫不及待地逃离自己的床，恨不得下一秒钟就能找到一份合心意的工作，让自己再次如同打了鸡血一样精神抖擞。不得不说，这正是很多现代人内心矛盾的地方，既渴望无所事事的闲散生活，可当真的拥有这种生活，又表现得根本无所适从。

古人云，流水不腐，户枢不蠹。实际上，这短短的八个字，却为我们揭示了深刻的道理。很多一辈子都在农村生活的老人，一旦离开自己赖以生存的土地，不再需要每天辛勤地耕作，他们很快就会感到苦恼，身体状况也急剧下降。由此可见，人不管什么时候都不要陷于安逸之中，否则人生就会陷入困境，遭遇危机，也导致一切都变得让人难以接受。朋友们，如果你们此时此刻正在享受安逸的生活，那么你们一定要打起十二分的精神来，千万不要被安逸的生活迷惑眼睛，也不要被安逸的生活蒙蔽心灵。明智的朋友会主动打破心理上的舒适区，从而让自己动起来，恢复生命与活力，重新找到生命的意义。

暂时放弃安逸，未来才能更辉煌

安逸就像温柔乡，让人们沉迷于其中懵懂度日，醉生梦死，虽然心中想着自己的理想、志向，但是身体和精神却绵软无力，根本不愿意猛然发力推开安逸，更不愿意为了未来而奋力拼搏。其实，这也是由于人们惧怕改变而引起的。很多人在人生之中都墨守成规，不愿意接受任何改变，因为他们不知道自己如何才能打破内心的囚牢，勇敢地面对未来。

人的心中是有囚牢的，这个囚牢禁锢的是我们自己，而不是任何其他人。在囚牢的束缚下，人生变得懵懂，也变得束手束脚。实际上，人生不是白日梦，一切的梦想和志向唯有落到实处，真正迈出关键的一步，才有可能获得成功。

对于人生而言，安逸就是鸡肋，只有拥有勇气的人才能舍弃安逸，只有聪明睿智的人才能逃离安逸。否则，哪怕春天已经到来了，身体也会因为懒惰而不愿意播种。当我们羡慕他人拥有硕果累累的秋天时，我们不如更加勤奋地努力，用自己的努力换来属于自己的硕果累累的秋天。

很久以前，有一对年轻人是堂兄弟。他们之中，一个人叫亨特，一个人叫杰克。他们住在同一个村子里，对于人生都有着美好的梦想，也有着远大的志向。一直以来，他们有一个共同的梦想，那就是成为全村最富有的人，彻底改变家族贫穷的命运。他们绞尽脑汁地想啊，想啊，虽然有很多好主意，但是却没有等来好机会。

一天，机会来了。村子里因为远离水源，所以导致长期以来村民的生活用水很不方便，为此村长决定在村子中央建立一个蓄水池，然后雇佣年轻力壮的人集中从远处的河道里往蓄水池运水。亨特和杰克全都报名参加了运送河水的工作，和他们一起加入这项工作的还有其他几个年轻人。然而一段时间过去，那些年轻人都觉得运送水的工作太累，谁也不愿意继续干了，只有亨特和杰克家里太穷，只能继续干下去。每天，他们数次往返于河流和村子之间，每当他们运来一桶水，村长就给他们很少的钱作为报酬。杰克觉得很高兴，因为他每天都有稳定的收入，再也不用为吃喝发愁了。然而亨特却感到浑身都很酸痛，每天早晨起床身体都像散了架一样。如何才能改变这样的状况呢？亨特决定想想办法。

有一天清晨，亨特和杰克和往常一样往村子里运水，亨特突然脑中灵光一闪，他对杰克说："杰克，既然村子里永远需要水，我们为何不建一条管道呢？这样我们就不用挑水了，坐在家里就能收钱。"杰克听到亨特的提议很惊讶，他大喊道："修建一条管道，亨特你肯定是疯了，咱们根本没有钱，而且管道可不是那么容易修建的。我建议你还是不要痴心妄想了，我觉得能保持现在这样就很好了，我还担心村长有朝一日不让我们挑水了呢！"亨特摇摇头说："就算村长一直让你挑水，你也总有挑不动的那一天。"就这样，亨特想方设法说服杰克和他一起修建管道，但是杰克固执己见，丝毫不为之所动。最终，亨特只好自己开始修建管道。

亨特没有多余的钱雇佣工人，就发动全家人和他一起修建管道。他们不管刮风下雨，始终坚持不懈，但是管道工程却进展缓慢。看到亨特因为没有收入变得经济紧张，杰克幸灾乐祸："亨特，你还是继续回来和我一起挑水吧，这个生意才是稳赚不赔的啊，你修建管道最终也未必能行得通。"亨特丝毫没有动摇，足足经历了一年时间，亨特终于修好了管道，这下子村民们全都去亨特的管道买水，因为他们知道亨特管道里的水刚刚来自河流，是非常新鲜，也没有污染的。就这样，亨特真正实现了自己的梦想，每天不管他在做什么，管道里都不停地流出清洁干净的河水，村民们的钱也源源不断地流入他的口袋里。村子里的那个蓄水池，因为日久天长早已杂草丛生，长满了青苔，所以渐渐地村民们都不愿意喝蓄水池里的水了，因此杰克也失业了。

毫无疑问，亨特是一个有长远眼光的人，而杰克则只顾着眼前，为了眼前的安逸就放弃了长久的努力。其实，人生也是一个漫长的过程，很多事情都需要我们不断地努力，才能聚沙成塔，最终成就伟大。目光短浅又缺乏毅力的人，很难得到命运的善待，也无法成就自己精彩辉煌的人生。

很多人都喜欢安逸，生活中的每个本性就是贪图安逸。然而，人生最缺少的恰恰就是冒险的精神，生活中的每个强者唯有勇敢地肩负起自己的责任，不沉迷于悠闲安适的生活，才能不断坚持向前，也才能让自己获得成功。朋友们，如果你们今天陷于安逸，那么你们的明天一定会非常忧愁苦闷，甚至悔不当初。人生没有平白无故的收获，唯有今天付出了，人生的明天才会精彩绝伦！

挣脱内心束缚，才能摆脱人生困境

其实，每一个生命都会受到各种各样的束缚，诸如蛹摆脱束缚，破茧成蝴蝶。人生也是如此，唯有挣脱束缚，才能真正地超越自我，摆脱困境。很多人都把生命的历程形容为抗争的过程，还有人始终在追求绝对的自由。实际上，人生之中根本没有绝对的自由，大多数人都受到道德和法律的约束，也受到自己为人处世原则的约束。如果没有束缚的人生，必然会显得轻飘飘的，也根本无法真正厚重起来。举个最简单的例子，很多人都喜欢看《西游记》，也喜欢孙悟空的形象。孙悟空虽然看起来无所不能，但一等到唐僧或者是观音菩萨念起紧箍咒，他就马上头疼难忍，就地打滚。这个上天入地的孙悟空，原来也不是完全自由自在的。

现实生活中，很多人都觉得自己和孙悟空一样，空有一身好本领，但是却时刻受到禁锢。退一步而言，如果孙悟空没有紧箍咒的束缚，早就回到花果山老家当大王了，又如何能够和唐僧一起到西天取经，修成正果呢？常言道，玉不琢不成器，人不琢不成才。这些束缚或者约束，恰恰让人们朝着正确的方向生长，不至于长得枝繁叶茂，却没有任何枝条是成才的。不得不说，毫无束缚的成长只会给人带来负面影响，很难起到预期的效果。

2009年8月18日，第12届世界田径锦标赛在德国的柏林举行。在这次锦标赛中，伊辛巴耶娃决定打破第27次世界纪录，从而创造自己运动生涯的奇迹。对于这次比赛，她信心十足，而且觉得很轻松，就连教练佩特洛夫也大言不惭地表示对于冠军势在必得。

因为实力很强，伊辛巴耶娃的第一跳进行得很晚。在其他选手竭尽全力力争打破4.55米的高度时，她却正在轻松地躺在一边休息。直到高度被加到

4.7米时，她才起身开始准备自己的夺冠之旅。但是，也许是因为此前太过于势在必得了，所以她的表现最终给了人们一个小小的惊吓。原来，伊辛巴耶娃第一次试跳4.75时米，居然以失败而告终。此时，波兰选手已经成功挑战了4.75米的高度，这给了伊辛巴耶娃很大的压力。接下来，她接连三次挑战4.8米的高度，依然以失败而告终。她心理崩溃，伤心欲绝地瘫软在地上开始痛哭。然而，次日出现在公众面前时，伊辛巴耶娃显然已经调整好了自己。她告诉人们："我此前在跳高上有所成就，这也给了我很大的压力。我必须为了我自己，为了我身边的亲人、朋友、教练等更加努力。但是我想我做错了一件事情，那就是我不能背负着如此沉重的负担前行，我要让自己放松，让生命轻松，继续全力以赴冲刺世界目标。"

面对职业生涯中的大冷门，很多运动员都会深受打击，甚至一蹶不振。然而，伊辛巴耶娃没有被失败打倒，而是在释放情绪之后痛定思痛，反思自己的原因，找到问题的根源，从而才能更加积极主动地面对坎坷和挫折，也才能挣脱自己内心的束缚，让生命展翅翱翔。

在人生的道路上，没有任何人能够一直一往无前，也没有任何人能够一直如履平地。任何人的人生都会遭遇坎坷和磨难，尤其是在遭遇困境的过程中，我们必须挣脱内心的囚牢，释放自己，才能超越心中的障碍，继续一往无前地奔向人生的远方，攀登人生的高处。记住，所有的磨难都是弱者的绊脚石，都是强者攀向高峰的台阶。记得曾经有心理学家说，其实人的先天条件相差无几，而人与人之所以后天发展相差悬殊，都是因为心态决定的。既然如此，我们就要摆正心态，端正态度面对人生，也让人生扬帆启航，驶向远方。

第 02 章

每一个迷茫的未来，都有一个不努力的现在

人生如同逆水行舟，不进则退，更多的时候我们抱怨自己生不逢时，没有璀璨夺目、光华可鉴的未来，却完全忘记了在他人努力拼搏的时候，我们正在过着怎样安逸舒适的生活。这个世界上从来没有一蹴而就的成功，也不会有天上掉馅饼的好事。要想拥有与众不同的人生，我们就要更加拼尽全力，才能以今日辛勤的汗水换取明日激动的泪水，才能以今日的付出换取明日的收获。所以说，每一个迷惘的未来，都有一个不努力的现在，而每一个璀璨夺目的明天，都有一个拼尽全力的今日。

人生如逆水行舟，不进则退

人生就像是一条水流湍急的河，有的人选择毫不费力地顺流而下，有的人选择不遗余力地逆流而上。毫无疑问，顺流而下是更轻松的，甚至不需要我们付出更多的努力。然而唯有逆流而上，才有可能走到上游更开阔的河道中，也让人生别有洞天。所以真正明智的朋友们，不会为了贪图一时的安逸就选择顺流而下，而是会竭尽全力逆流而上，从而走出更加美好的人生道路。

毋庸置疑，每个人对于人生的理解都是不一样的。有的人觉得人生就是应该不断地向下，才能更闲散舒适，有的人希望岁月静好，也愿意一生之中都重复普通而又幸福的一天。还有的人很明智，他们知道人生不可能永远保持静止的状态，而是如同逆水行舟，不进则退，在这样的情况下，人生必然要负重前行，才能保持稳定的态势，也唯有努力奋进，才能赢得进步。现实生活中过，大多数人都喜欢人生保持静止，却不知道人生中的每一分每一秒都在运动不止，或者前进，或者后退，命运裹挟着你，总是逼迫你做出选择。

作为一名国际海员，也许是因为天生就热爱航海，也许是因为对航海独具天赋，总而言之他的事业发展得很好，他总是一切顺利，也春风得意。因为职位很高，收入丰厚，所以他几乎毫不费力地就找到了一位漂亮的女孩，顺利地恋爱、结婚、生子，人生的种种幸运似乎非常眷顾他。然而，随着孩子的出生，他的工作也不得不四处出差，妻子对他的怨言也越来越多。为了让生活达到妻子的满意程度，他不得不在辛苦积攒几年的钱之后，选择辞职。他和妻子带着孩子，带着丰厚的资金回到家乡，从此之后过上稳定的生活，再也不用在喜怒无常的大海上漂泊。

回到家乡的一年多时间里，他们全家三口都过着悠闲安适的生活，每天睡到自然醒，因为有积蓄，所以也不急于找工作。然而一年多之后，他们该玩的玩过了，该享受的也享受过了，不由得感到生活过于枯燥平淡，尤其是他作为一家的顶梁柱，看着存款日渐减少，更是心神不宁。为了达到收支平衡，他开始找工作，没有经济压力的他并不计较自己做什么，只是觉得自己应该回归工作，回归正常的生活。然而一段时间之后，他感到身心俱疲，他挣的钱根本不够家里的日常开销，他们存折上的收入依然日渐减少。恰在此时，他的父母双双生病，他意识到自己已经人到中年，只有仅剩的微薄的存款远远不够，因此他再次决定回到老本行。然而，等到他再次想要成为海员时，他才发现时过境迁，一切都变得不一样了。假如他当初继续从事海员的工作，现在一定会有所成就，遗憾的是他离开了，而如今的国际贸易形势严峻，即便他有着丰富的工作经验，也完全过时，不再符合现代海员职位的要求了。看着进退两难的自己，他很后悔自己白白浪费了好几年的青春时光，也使得自己被时代甩下，不知道要花费多少时间和精力才能再迎头赶上。

古人云，流水不腐，户枢不蠹。人生也像是河流，必须不停地流动，才能保持新鲜自然的活力，也才能避免因为长久的停滞而遭遇困境。所以每个人都不要随便停下人生的脚步，因为原地踏步并非停滞不前这么简单，而是会被时代的洪流远远甩下，也让我们失去前进的动力，成为时代的弃儿。其实，人不管做什么，也不管从事三百六十行里的哪一行，都要保持进步的姿态，才能无愧于人生，也才能拥有与众不同的人生。

对于人生而言，最可怕的不是经风历雨，而是遇到艰难险阻的时候无法超越。人生不可能总是一帆风顺的，每个人的人生都可能遭遇各种困境，哪怕是在自然界，那些动物和植物也会想方设法适应环境，超越环境，更何况是作为万物灵长的人类呢？我们更要努力迎着困境不断奋进，才能获得自己梦寐以求的人生，才能保持人生昂扬进步的姿态。记住，生命的长河不可能停滞不前，唯有保持水的流动特质，生命才能时时常新。

面对磨难，不如笑着接受

民国才女张爱玲曾经说过，“不管生活赐予我什么，我都要笑着接受，也不管命运如何坎坷，我都不能自甘放弃”。从这段话里，再结合张爱玲孤苦无依的一生，不难看出张爱玲有多么忧愁苦闷，也不难看出张爱玲的命运是多么悲凄。张爱玲作为民国才女，从很年轻的时候就崭露头角，成为繁华大上海的才情兼具的女子，但是她第一次嫁给了大汉奸胡兰成，后来因为胡兰成出逃，她辗转去了美国，又嫁给第二任丈夫赖雅。当时，比张爱玲大29岁的赖雅已经65岁了，在与张爱玲结婚的十一年间，赖雅身体很不好，而且经济上非常紧张，导致张爱玲也受到牵连。最终，张爱玲75岁时独自一人死在寓所中，死后很久才被房东发现。据友人说，张爱玲死的时候家徒四壁，家里连一张书桌都没有，只有一张破旧的床垫。不得不说，张爱玲一生孤苦，虽然有才华，但是因为两次失败的婚姻，导致她晚年非常凄凉。

命运就是如此，那些伟大的人物或者一生辉煌，也或者一生孤苦。诸如举世闻名的大音乐家贝多芬，虽然在音乐上造诣很深，但是命运却坎坷曲折。他先是身体不好，后来耳朵也失去听力。再如如今举世闻名的绘画家凡·高，在世的时候因为经济困窘，不得不一直依靠亲人的资助生活，直到去世之后，他的画作才受到人们的喜爱，也受到了全世界的广泛关注。人生总是如此，对于每个人而言，人生都不可能是一帆风顺的。人们唯有坦然面对人生的风雨泥泞和坎坷，才能放宽心态，从容应对人生。

还记得电影《滚蛋吧！肿瘤君》吗？女主角正是如花似玉的年纪，却身患肿瘤，不得不满怀不舍和这个世界开始告别。尤其是当看到柔弱的女主角以娇弱的姿态说出坚强的豪言壮语时，很多人都深受感动，也深深感受到生命的顽强不屈。其实，这部电影的原型小说的作者熊顿就是这样一位女孩，她喜欢用漫画来表达对生命的感悟，也希望每个人在生命之中都能开开心心。然而，熊顿的身体也不好，她身患恶性肿瘤，每时每刻都在和肿瘤作斗争。面对绝症，尽管她也抱怨命运不公，但是她从未对命运屈服。她依然拿起画笔画漫画，她的漫画依然能够温暖每一位读者的心。最终，熊顿也被恶性肿瘤带走了，很多喜欢她的人都知道，一定是天堂里太冷，所以上帝也需要她温暖的微笑和积极乐观的精神。

《滚蛋吧！肿瘤君》中，女主角说：“反正开不开心都是活一天，那就大摇大摆地活呗！”这也正是熊顿对待人生厄运的态度。既然能够看开生死，那么还有什么事情是看不开的呢？也许对于女主角而言不是因为失去宝贵的生命而遗憾，而是因为她很担心自己不能继续陪伴在最爱的父母身边，不能再和所爱的人一起走完生命之路，不能继续和朋友相依相伴。面对生命的即将结束，她放弃了很多，放弃了对所有人的恨，放弃了心中的耿耿于怀。实际上，命运给每一个人的安排都不是无缘无故的，每个人的人生都是向死而生的过程，我们唯有更加从容地应对人生，才能更加坦然淡定，也才能领悟人生的真谛。是啊，既然一定要死，为何不笑着死，而要扭曲着死呢？而《滚蛋吧！肿瘤君》之所以能得到大家的喜爱，也正是因为女主角坚强、乐观、洒脱的精神。实际上她不是听天由命，而恰恰是要主宰自己的生命，并不会因为命运的残酷就放弃自己的精彩人生，也绝不屈从于命运。

不得不说，生死的确是人的两道关卡。在生死面前，很多看似勇敢的人内心都会崩塌，不可否认疾病是一场灾难，而恶性肿瘤就是一场躲不过去的灾难。哪怕一个人内心再坚强，都会在疾病面前轰然崩塌。然而，崩溃、发狂，都不能从根本上解决问题。每个人都要坦然面对属于自己的人生磨难，继续踩着磨难走好属于自己的人生之路，这才是强者该有的姿态。

朋友们，从现在开始不要再抱怨了。抱怨于事无补，每个人行走于世都会遭遇各种各样的磨难和打击，除了生病之外，还有可能遭遇爱情的背叛、亲人的遗弃，也有可能如同折翼的天使一般再也无法展翅飞翔。但是不管命运以怎样的姿态呈现，这都是命运最本真的面目，我们唯有摆正心态面对厄运，才能战胜厄运，成为命运的主宰。有的时候，其实也不需要我们做什么，只是因为看待问题的角度不对，我们就会变得非常沮丧。我们要知道，每一次磨难都不是平白无故而来的，也可以说人生中点点滴滴的磨难都有特定的意义。我们要做的就是从磨难中崛起，领悟磨难的真谛，踩着磨难在人生中不断奋进。常言道，心若改变，命运也随之改变。朋友们，就让我们怀着积极的心态面对人生，从而让人生崛起吧！

浪费时间，就是丧失生命

现代社会，人们的生活压力越来越大，工作节奏越来越快，按道理来说似乎应该加快节拍，但是实际上很多人偏偏陷入拖延之中，如今拖延症似乎已经成为社会的弊病。例如，有的人早晨七点就醒来了，却要在床上赖床到九十点钟起床，上班的早晨，因为拖延，自然会时间紧张。最严重的拖延在晚上，例如有些人原本可以晚上十点或者十一点熄灯睡觉，但是因为拖延，他们偏偏要到凌晨一点才能睡着。在此期间，他们躺在床上看电视或者看手机，或者刷朋友圈，看那些无聊的花边新闻，但就是不想闭上眼睛让自己得到休息。最终他们睡得很晚，次日清晨起床也更困难，由此陷入恶性循环，导致生活变得疲惫不堪。

除了在生活上拖延之外，还有些人在工作上也很拖延。明明今天可以完成的工作，他们偏要拖延到次日再完成，甚至拖延好几天的时间，不但延误了自己的工作，也让负责工作下一步的同事或者客户变得非常被动。可想而知，职场上很少有人愿意和习惯拖延的人成为朋友或者是合作伙伴。鲁迅先生曾说，时间是组成生命的材料，浪费时间就等于谋财害命。不得不说，浪费别人的时间是谋财害命，浪费自己的时间则无异于自寻死路。

有人觉得人生很长，也有人觉得人生很短暂，实际上人生的长短并不取决于不可预估的命运，而是取决于我们对待人生的态度。例如当我们充实地度过人生中的每一天，我们的人生就会更从容果断。当我们散漫地度过人生中的每一天，那么我们的人生就会变得松松散散，就像是没长好的树木一样营养不良，这都是拖延惹的祸。如果说一个效率高的人拥有一生，那么一个效率低下的人相当于只拥有半生。

作为一名设计师，刘丹因为全职的工作太忙碌，而她又要照顾孩子，所以就辞掉全职的工作，准备兼职当设计师了。然而，兼职并非刘丹想象中那般美好。原本，刘丹辞职之前把自己的工作设想得非常好，总觉得兼职工作可以早晨起床为孩子准备早饭，然后送完孩子上学就回家工作，还可以买菜做饭，给孩子和老公提供更好的饮食。但是才坚持了两三天，刘丹的拖延症就犯了。

以前全职的时候她还能按时起床，因为公司有严格的考勤制度，如果不按时到岗，要扣掉很多薪水。但是现在呢，没有考勤制度作为约束，刘丹早晨很难坚持起床，她从六点半起床给孩子做早餐，拖延到七点起床带孩子在外面吃早餐，后来愈演愈烈，居然要到八点起床，孩子每天都是最后一个到幼儿园的，有的时候上午的点心都吃完了，刘丹才把孩子送过去。也因为作息不规律，刘丹根本抽不出时间来工作，而且因为家务的拖累，她也挤不出大块的时间来。看着零零散散的时间，她总是稍微一走神，或者喝杯咖啡的工夫，时间就悄然溜走了。

刘丹很苦闷，她在家一个多月，也没有完成任何设计稿，手里的工作堆积了很多。有些着急的客户，不得不转而选择其他设计师，无法再对刘丹完全信赖了。

其实，刘丹就是一个典型的拖延症患者，又因为她缺乏自制力，所以不宜采取兼职的方式。要知道，兼职的方式虽然工作时间自由，也可以随时随地从工作中抽身出来，所以反而对兼职者的要求更高，必须有极强的自制力，也能够合理安排好自己的时间和工作安排。因而对刘丹来说，当务之急就是克服拖延，或者重新选择全职，或者严格制定作息时间，让自己每天都完成特定的工作量，这样日久天长才能形成良好的工作习惯和规律。

实际上，大多数拖延症患者在拖延之前，心中也是很愧疚的。为了安慰自己的心，他们不得不提前为自己找一些借口，或者选择用某种方式帮助自己的心恢复平静和理智。这样一来，他们就会心安理得地拖延。而要想戒除拖延，所要做的与此恰恰相反，那就是断绝自己的退路，让自己的拖延毫无借口，这样在内心的谴责下才能戒除拖延。

实际上，很多朋友在生活中都有这样的感悟，即当好不容易完成一件艰难的事情或者艰巨的工作任务后，心中都会觉得如释重负般轻松，自信心也会立刻爆棚。这就是把事情做好、完成好，带给我们的美妙感受。我们与其怨声载道，抱怨自己的拖延症状，不如从现在开始，从点滴小事开始，就把每件事情都做好，逐渐培养自信心，也锻炼自己勇敢决断的能力，从而戒掉拖延。现代社会，很多人都被电子产品绑架了，不管是在公交车上还是在地铁上，甚至是在川流不息的大街上，低头族都随处可见。那么在这种情况下，哪怕是随便浏览几个网页，又或者在即时通信工具上聊几句天，时间就会悄然流逝。所以现代生活看似紧张忙碌，实际上拖延的弊病却越来越严重。在这种情况下，我们的生活和工作也必然会因为越积压越多的事情变得更加紧张不安。当拖延的症状日渐深重，我们的内心也就会越发焦灼，我们甚至会无计可施，不知道如何才能更好地面对生活。当我们日渐惶惑，当我们手足无措，我们首先要戒除拖延，才能让一切按部就班，让人生步入正轨。

古往今来，那些有所成就的无一不是雷厉风行的人。他们有了好的创意不会一味地空想，而是能够当机立断，采取行动，从而让自己没有时间拖延，也来不及拖延。人生就像是一趟旅程，当我们还没有上路时，总是前怕狼后怕虎，不愿意委屈自己。但是一旦我们真的上路，那么就会发现沿途的风景很美好，旅途也并没有我们想象中那么可怕，甚至还会因为旅途的美妙而迫不及待地向前呢！

既然没有伞，就只能全力奔跑

当走在雨地里，看着身边川流不息的人群，你是否会羡慕他们之中撑着伞的人？曾经有一个笑话，大意是说天上突然下起大雨，一个没有伞的人在雨地里慢慢吞吞地走，看到其他没有伞的人快速奔跑，这个人不由得好笑："有必要这么快地跑吗？"其实，虽然跑与不跑衣服都是湿透了的，但是却代表了当事人不同的心态。慢慢走的人说是从容也好，或者说是喜欢淋雨也好，实际上不可否认他们面对困难时是比较消极悲观的。而快速奔跑的人呢，虽然衣服也已经湿透了，但是他们至少通过奔跑加快渡过困境，也使得自己的人生早些迎来温暖和干燥。那么在雨地里走，到底是应该快跑还是慢慢走呢？其实，只要不是刻意想淋雨，而且有奔跑的能力，那么当然要竭尽全力地奔跑。

就像如今的这个时代，虽然人人都把平等挂在嘴边，但是我们不得不承认，平等并非无处不在，反而处处都有不平等。甚至很多人一出生就含着金汤匙，而大多数人哪怕再努力，甚至终点都无法达到他人的起点那么高，不得不说，这是一种悲哀，也是莫大的不公平，但是每个人并不能因为这种不公平的存在就放弃努力，放弃人生。大多数朋友都是普通而又平凡的人，既不是挥金如土的富二代，也不是有权有势的官二代，那么只能靠着自己奋力拼搏，才有可能改变命运。尤其是很多生活在农村的孩子，只有鲤鱼跳龙门，才能最大限度地超越自己，成就自己。

不得不说，这个社会就像一个金字塔，处于塔底的人最多，处于塔尖的人少之又少。我们大多数人都很普通，家世普通，背景普通，甚至也没有寒门出贵子，就连上的大学都很普通。既然如此，我们与其花费宝贵的时间抱怨命运不公，白白浪费生命，还不如趁着下雨的时候快速奔跑，一则热身，为自己增加热量，二则也能够缩短超越困境的过程，尽早摆脱困境。

从偏僻的农村考入大学，马克见识到了花花世界，不由得紧紧捏住父亲为他准备的学费。他一边看着学校食堂上张贴的价格表，一边暗暗盘算着自己交完学费后，如何靠着仅剩的五百元钱度过一个学期。的确，马克交完学费之后只能剩下五百元钱了。然而，馒头要一元钱一个，哪怕一天三顿馒头加咸菜，马克的钱也只够坚持两个月的，姑且不说一天三顿馒头能否满足身体所需呢！

马克省吃俭用过了一个月，花了二百元钱，但是学期还剩下五分之四呢！思来想去，马克决定改变现状，不能只靠着这几百元生活。为此，马克从仅剩的三百元钱中，拿出一百五十元买了一个二手的手机。这样他只剩下一百五十元，甚至不够一个月的馒头咸菜钱。马克没有节省，而是又花了十元钱买了一包A4纸，因为他要写广告贴到学校的告示栏里。马克的广告是这么写的：“代跑腿服务，校内一次一元，校外两公里内一次两元。”就这样，广告才贴出去一个小时，马克就接到了人生中的第一笔业务。原来有个宅男不想出宿舍，让马克去食堂为他买饭送到宿舍。马克十分钟之内就办好了这件事情，宅男感到很满意，给了马克五元不让找钱了。马克坚决找回宅男四元钱，因为他还要为以后的生意考虑呢！随着时间的流逝，马克每天都有新客户，也有老客户，还有老客户介绍的新客户，一包A4纸才用了一半，马克的生意就好得不得了。他每天一下课手机就响不停，随着不断地奔跑，他的速度也越来越快，堪称飞毛腿。就这样，一个学期下来，马克非但养活了自己，还攒够了学费。春节回家时，爸爸正为他来年的学费发愁，他反而拿出一千元钱给爸爸，让爸爸妈妈买些年货。得知马克在学校里挣钱的经历，爸爸不由得眼含热泪说："孩子，你受苦了，但是你做得对。咱们家里穷，你就要更努力地奔跑，才能活下去。"

与其说马克很具有商业头脑，不如说马克是因为被生活所迫，所以不得不改变，也争取改变自己的命运。假如马克因为家境贫困就去申请助学金，从而有所依赖，艰难地活着，那么他肯定很难扭转自己的命运趋势。可想而知，当校园业务推广得越来越好时，马克接下来的人生道路也会好走很多。不得不承认的是，没有伞的孩子，唯有快速奔跑，才能跑出自己人生的一片晴空。

凡事都是循序渐进的，除了快速奔跑之外，坚持也必不可少。一个人做事情如果没有毅力，总是三天打鱼，两天晒网，那么必然会导致自己非常被动，也会使自己走很多的弯路，无法创新人生，突破人生。所以朋友们，奔跑起来吧，在不断的奔跑中，也许你会看到人生更美丽的风景，也会进入到人生的别有洞天之中。

面对失败，你只要坚持再次努力

举世闻名的发明大王爱迪生说，天才是百分之九十九的努力和勤奋，再加上百分之一的汗水。很多人都知道爱迪生发明了电灯，把整个世界的人都带入了光明的世界。但是爱迪生发明电灯的过程非常坎坷，因为他尝试了一千多种灯丝材料，又进行了六七千次实验，才最终找到合适的灯丝材料，发明了电灯，也给世界带来了光明。不得不说，爱迪生为整个人类做出了伟大的贡献，也为人类文明的进步起到了巨大的推动作用。反过来看，如果爱迪生当初遇到小小的困难就放弃，那么他当然不可能发明电灯，整个人类世界也会延迟进入光明时代。由此可见，任何或大或小的成就，都不可能是平白无故获得的。尤其是在人生之中，没有谁的一生会是一帆风顺的。越是在遭遇失败和坎坷的情况下，我们越是要坚持努力，这样才能最大限度地发挥自身的潜力，渡过困境，实现人生的梦想和目标。

一个人如果一旦遭遇失败，就再也不愿意进步，那么最终人生就会停步不前。人生恰如逆水行舟，如果始终停步不前，就会倒退，到时候想要追上去，可就很难了。所以面对失败，真正的强者总是会从失败中汲取经验和教训，然后踩着失败的阶梯不断奋勇向上。而人生的弱者，则会在失败面前败下阵来，甚至被严重的失败打击得一蹶不振，从此之后再也无法鼓起勇气面对人生，也无法在人生的逆境中崛起。

很多人如果接二连三地遭遇失败，自信心也会受到严重打击，甚至不愿意再次鼓起勇气重新尝试。想想吧，爱迪生如果不是在经历几千次失败之后依然努力进行灯丝实验，那么电灯的问世就会推迟很多。而如果莱特兄弟不是一次又一次地制造飞机，也不会在世界飞机发展史上留下浓重的一笔。所以最重要的不是失败的次数，而是我们面对失败依然坚持崛起的次数。

如今，走遍世界各地，都能看到“肯德基爷爷”的头像。显而易见，肯德基爷爷已经成为举世闻名的上校。那么，肯德基爷爷是如何颠覆整个世界的餐饮习惯和规则的呢？1890年，肯德基爷爷——山德士出生在美国的一个普通农村家庭，在六岁时就失去父亲，为了帮助母亲维持生计，他不得不承担起照顾弟妹的责任。在艰难家境中长大的山德士，在高速公路的加油站旁开了一家快餐店。最初，快餐店规模很小，只有一张桌子，六把椅子。正是在这里，山德士把自己创造的各式美食推荐给南来北往的过客们。当时，已经有了肯德基炸鸡，只不过那会儿炸鸡还很普通，没有如此响亮和人尽皆知的名字。因为快餐的生意很好，很快山德士积攒了一些钱，开了一家餐厅，因为他在饮食界经营得很好，肯塔基州还在1935年授予他"肯塔基上校官阶"的荣誉。山德士很聪明，他抓住时机，把饮食文化发扬光大，所以后来他被人们尊称为"山德士上校"。

后来，山德士上校还改良了炸鸡的做法，缩短了炸鸡制作的时间，让炸鸡口感更好。然而，随着高速公路的改造，加油站拆迁了，65岁的山德士也失业了。因为经济窘迫，他不得不变卖了资产，却资不抵债，处于破产的境遇。为了改善经济状况，他四处奔波，售卖炸鸡配方。在成功地把炸鸡配方卖给一家餐厅的老板，赚取微薄的收入后，他更是开着破旧的老爷车在美国四处奔走，希望寻找到更大的买主，售卖炸鸡配方。然而，年迈的他被拒绝了整整1009次。幸好他没有放弃，所以在第1010次尝试时，他得到了一句勉为其难的"好的"。就这样，肯德基炸鸡从此之后成为世界知名的连锁餐饮企业，不仅美国，世界各地都遍布肯德基炸鸡的连锁店。不得不说，肯德基爷爷的成功是一个奇迹，他以破产时的年纪创造了人生的辉煌，而对于成功，他的经验只有一个就是——即使65岁才开始创业，也要坦然接纳第1009次失败。

你呢？如果你遭遇1009次失败，你还有勇气进行第1010次尝试吗？作为一个开着破旧老爷车在整个美国四处奔走、寻找出路的老人而言，该需要多么大的毅力，他才能一次又一次地鼓起信心和勇气，说服自己继续努力尝试呢？然而如果你没有这种勇气和魄力，甚至你在失败一次之后就迫不及待想要放弃，或者把自己像缩头乌龟一样缩起来，那么你就很难获得成功，甚至注定了要一生与成功绝缘。记住，这个世界上从没有天上掉馅饼的好事情，也没有一蹴而就的成功，任何时候我们都要具有意志力，才能超越自己内心的囚牢，也才能更加积极主动地面对人生，创造未来。

对于失败，不同的人总是有不同的理解和感悟。有的人从失败中汲取经验和教训，从此在人生的路上拥有更多的经验和资本，有的人一旦遭遇失败就变得沮丧和绝望，甚至再也无法鼓起勇气重新开始。曾经有心理学家说：人在先天方面的条件其实相差无几，而之所以人们后天的成就大相迥异，就是因为人们对于失败的态度不同，对待人生的观点和原则也各不相同。既然找到了通往成功的必经之路，朋友们，我们还有必要如同没头苍蝇一样四处乱撞吗？唯有摆正心态，端正态度，让人生更加从容地走下去，我们才会战胜困境，跟随着人生湍急的河流走到更开阔的天地。

面对失败，不后悔才能砥砺前行

人生从来不是一帆风顺的，恰恰相反，很多人的人生都充满了艰难坎坷，也时常会遭遇失败的打击。实际上，失败并不可怕，可怕的是我们面对失败的态度。前文说过，真正的强者在面对失败的时候，总是能够从失败中汲取经验和教训，踩着失败的阶梯不断向上攀登。但是对于人生的弱者而言，哪怕是一次小小的失败也会使他们心怀疑虑，根本不敢面对下一次尝试和可能遭遇的失败。这样一来，别说让失败成为母亲孕育成功了，只怕让他们直面失败都很困难。因为心灵的脆弱，他们选择在一次失败之后就逃避，让自己像鸵鸟一样把头埋起来，再也不愿意面对外界的一切。不得不说，这种对待失败的态度是非常可怕的，很容易就使人止步不前，在人生的长河中顺流而下。

如何才算是正确地面对失败呢？很多人一遇到失败，就会懊悔不已，诸如总是说“假如我当初……”“要是我当时……”毫无疑问，说出这些话的人都是事后诸葛亮，也是马后炮，根本于事无补，而且只会让抱怨更加充斥心灵，使得自己心烦意乱，根本无法从容面对这一切。这样一来，非但对解决问题没有任何好处，反而会因为裹足不前，让自己错失更多的机会，也错失弥补的最佳时机，导致事情变得更糟糕。实际上，就像很多人生必须经历的历程一样，失败也是不可避免的。面对失败，唯有不后悔，才能扬起风帆勇往直前。

现实生活中，很多朋友抱怨自己的一生与成功绝缘，实际上这并非是因为先天的不足，也不是因为自身不够努力，而是因为惧怕失败，从来不敢迈出通往成功的第一步。正是在这种思想的禁锢下，很多金点子最终拖来拖去，变成了空想，再也没有实现的那一天。当然，未雨绸缪是好的，但是过分未雨绸缪，就变成了杞人忧天。当人们为了根本不值得忧虑的事情忧虑，也禁锢自己施展拳脚，那么一切都会变得停滞。人生需要的不是原地踏步，而是勇往直前，是乘风破浪，是无怨无悔。所以朋友们都要知道，面对失败不后悔，人生才能砥砺前行，才能一往无前。

作为一个腼腆的男生，林峰上大学的时候曾经喜欢班级里的一个女生。但是因为担心被拒绝，林峰一直都没有表白。后来借着情人节的机会，林峰在好哥们的鼓励下，在对自己的再三逼迫下，终于鼓起勇气向女孩表白，却被拒绝了。情人节的夜晚，林峰拿着被女孩拒绝的鲜花走在空荡荡的校园中，觉得心都碎了，也毫无自信。

毕业后，林峰进入一家外企，从事本专业的工作。不得不说，林峰虽然性格内向，不是很爱说话，但是他对于学术和技术钻研都很深，所以进入公司才一年多，他就加入了公司里重要的项目组，很快因为表现出色还成为了项目组的骨干。公司里很多年轻的女孩，诸如前台、文秘以及行政人员等，都对林峰表现出好感，毕竟像林峰这样一毕业就进入大公司且成为业务骨干的年轻人越来越少了，所谓物以稀为贵，林峰自然变得炙手可热。对于这些上赶着追求自己的女孩，林峰都不喜欢，他唯独喜欢公关部的张丹。张丹不但人长得漂亮，而且身材高挑、皮肤白皙，俨然是大美女一枚。不过林峰不敢追求张丹，因为张丹很高冷，很孤傲，平日里就像个冷美人一样，使人觉得可望而不可即。就这样，林峰一边拒绝着其他女孩的追求，一边默默关注着张丹。一年多的时间里，林峰每次想要表白时，一想起自己大学时被心爱的女孩拒绝，他就心里打鼓。后来，林峰突然听到公司里的人说张丹要结婚了，他不由觉得如同遭受晴天霹雳，尤其是在听说张丹和男友是闪婚时，林峰更是懊悔万分。他不知道，自己当初如果勇敢表白，还会不会这么被动和懊悔。

可想而知，看到自己默默爱恋了一年多的女孩要嫁作他人妇，林峰心中有多么懊悔。如果当初他能够勇敢表白，不被张丹高冷的外表吓住，那么也许他就能抢在那个幸运的男人前面，成为张丹不二之选的丈夫。但是如今说这一切都晚了，他既不能拆散他人，也不能充当第三者，当然张丹既然已经决定闪婚，必然是爱上了他人，这也就意味着林峰丝毫没有机会。其实林峰不知道的是，张丹一直以来对他印象都非常好，而只是因为看到林峰没有任何表示，又觉得公司里很多女孩都喜欢林峰，所以她才知难而退，选择了另一个适时出现的男人。

很多人都听过杯弓蛇影的故事，还有句俗话叫“一朝被蛇咬，十年怕井绳”。实际上，假如林峰能够尽早从此前被女同学拒绝的阴影中走出来，不因为一次失败就被吓怕了，那么他很有可能获得成功，如愿以偿抱得美人归。总而言之，人生充满了未知，既然是未知，成功与失败的可能性就各占百分之五十。其实，别说有一半的机会获得成功了，就算是只有百分之一的机会获得成功，我们也要非常努力，才能不错过任何可能性。任何时候，面对人生的各种际遇，我们都要调整好心态，从而才能更好地抓住那些千载难逢的好机会，努力改变人生，拼尽全力主宰命运。朋友们，面对失败，不要再缩头缩脑、止步不前了，唯有端正态度，一往无前，才有可能实现辉煌梦想和伟大志向。退一步而言，哪怕努力之后失败了，也比无所作为来得更好，因为失败能给我们带来经验，让我们在人生之路获得深刻的反思。

第03章

不要只知享受而从不付出，再炽热的感情也需要经营

爱情是造物主赐予人类最美好的礼物，每个人都奢求得到爱情，也渴望从爱情走入婚姻，让婚姻成为爱情的延续。然而，爱情可以只靠缘，婚姻却需要有分，才能凑成缘分，才能修成正果。在感情之中，每个人都要用心浇灌爱情的果实，才能让爱情之树常青，才能让爱情开花结果。需要注意的是，爱情不仅仅是用来享受的，更要不断地经营，努力付出，才能让爱情绽放，让生命也因为爱情增加华彩。

面对爱情，勇敢付出的人才有收获

人人都渴望得到爱情，这是造物主对于人类最美好而又伟大的恩赐，也是人世间必不可少的感情。然而，爱情虽然美好，得到爱情却并不容易，很多人一下子陷入热恋之中，很多人虽然憧憬爱情，却总是求之而不得，也有人羡慕他人一见钟情，如同飞蛾扑火一般的爱情。实际上，爱情并非都长着同样的模样，我们唯有接纳爱情所有的样子，也宽容和理解爱情，才能在爱情之中赢得更好的对待和未来。

朱光潜曾说，意志薄弱的人经不起挫折，也往往会自我宽解。他们总是把一切的过错和罪责都推脱给环境，而丝毫看不到自己的无能，反而怪环境不给自己展示的机会。很多时候，他们明明心甘情愿成为坏人，却说是环境逼得他们不能当好人。实际上，这种心理是很怯懦的，也是对自己不负责任的表现。环境永远不可能得到所有人的满意，如果环境自身就能成就一切，那么还如何突显出人的价值和不可替代呢！人之所成为万物的灵长，也恰恰是因为人能够充满力量地改变一切，也能够为了实现自己的理想和梦想而不懈努力。即便在爱情中，人的主观能动性也不容忽视。

相信很多朋友都曾经看过《半生缘》这部影视剧。在当时，《半生缘》简直尽人皆知，大多数人也为影片中顾曼桢与爱人沈世钧的一世离别感到惋惜哀叹。不得不说，张爱玲这个民国才女对于人性挖掘得很深，也似乎看透了人世间的一切爱恨情仇。如果不是因为顾曼桢的逆来顺受，以及沈世钧的软弱和妥协，也许这一对有情人就不会一世别离，半生凄苦。遗憾的是，现代社会虽然提倡爱情自由，婚姻自主，但是实际上，爱情变得越来越被动。放眼望去，还有多少人能够从容地享受爱情，又有多少人能够完全忠于自己的内心，尽情享受爱情的甘甜和美好呢？虽然再也没有封建家长和黑暗的现实胁迫人们放弃爱情，但是现代社会物欲横流，更多的人只看到金钱和权势，而完全忽略了爱情，也不由自主地让爱情屈服于物质和金钱以及权势。不得不说，这是整个时代的悲哀，也是人的悲哀。

很多女性朋友在爱情中盲目追求功利时，也不由得感到发自心底的悲哀。她们当然渴望和憧憬爱情，却以巧妇难为无米之炊为借口，说服自己不要再一味地迷恋爱情，因为她们告诉自己爱情是现实的。在这种情况下，人格自然就分裂了，人们很难再次感受到命运的美好，也无法真正尽情地享受爱情。这使得人性剥离，也使得人生变得支离破碎，不再完整。

在娱乐圈里，很多男明星一旦成名，就会抛弃自己的结发妻子，接受那些青春美少女的投怀送抱。然而，对于有些男明星而言，他们哪怕红得发紫，也对结发妻子不离不弃。例如黄渤，有人说黄渤是最丑的男星。实际上，黄渤的妻子也不是非常漂亮，但是黄渤出名之后尽管每天面对着林志玲等大美女，却从不心动，更未传出任何绯闻。此外，大红大紫的国民大叔吴秀波，在演艺圈里也是年纪很大才出名的。吴秀波的演艺之路走得非常坎坷，他的人生也从来不是一帆风顺的。他做过很多事情，开过饭馆，跑过龙套，在三十岁那年，曾经和他相恋九年的女朋友也离他而去。然而，这个时候他遇到了自己现在的妻子，从那时起，妻子就陪伴在失意潦倒的他身边，对他不离不弃。所以虽然现在吴秀波红透了一片天，也从未与任何女性有任何绯闻，在他心里，大概只有妻子才是能够与他相伴一生的人吧！包括如今的收视率冠军靳东，也和吴秀波一样是后起之秀，但是同样清清白白，对自己并不漂亮的妻子忠心耿耿。前不久，靳东的妻子李佳还诞下二胎儿子，可想而知靳东与李佳恩爱有加，婚姻生活更是甜蜜幸福。

看到这里，很多女性朋友也许都会想，这些男明星的妻子真幸运，遇到了这样英俊帅气还多金的男人，最重要的是这些男人哪怕整天身边环绕着如云的美女，也是坐怀不乱的柳下惠，从不对妻子以外的任何女人怦然心动。其实，那些羡慕的女人不知道的是，这些男明星的妻子也许看起来不起眼，但是一定有着自己的过人之处，而且他们在男明星还没有出名，甚至是落魄潦倒的时候，就已经不离不弃陪伴在男明星身边了。正所谓一分耕耘一分收获，种瓜得瓜种豆得豆，在爱情之中，只有勇敢付出的人，才会有所收获，也才会获得幸福甜蜜、地久天长的爱情。

对于很多人而言，爱情不是可有可无的，更不是可以随意改变的。爱情是一种信仰，更是人生的执念。爱情不是交换，但是爱情之中付出至关重要，因为一个只知道索取而不知道付出的人，永远也得不到爱情的青睐。其实人世间很多东西都是相互的，所谓爱人就是在人生的方方面面都融为一体，你中有我，我中有你。所以朋友们，要想收获爱情，不要再抱怨自己运气不好，也不要抱怨对方总是对你的付出无动于衷，而要在爱情之中勇敢地付出，甚至不计得失，不求回报。当你在爱情中达到无我的境界，相信你的爱人也必然会回报给你惊喜和满足。

爱情需要用心浇灌，不适应贫瘠的土地

很多人误以为爱情就是激情，就是所谓的一见钟情，就是命中注定的“山无陵，天地合，乃敢与君绝”，就是愿意为对方付出自己的生命。当然，我们不是否认爱情的灼热和忘我，而是想告诉大家，尽管爱情可以轰轰烈烈、飞蛾扑火，但是大多数人的爱情都是平实的，都是淡然的，也是渗透在生命之中的。所以这样的爱情看起来平淡如水，却有水的真味；也让人觉得就像是习以为常的亲情再也无法激起人们内心的波澜，却如同空气一样必不可少。恰恰是这样深沉真挚、平淡如水的爱情，更需要我们用心去浇灌，更需要我们将其作为毕生最大的事业去经营，才会变得枝繁叶茂，生命力越来越旺盛。

很多人都指责平淡的生活是爱情的头号杀手，一旦有人遭遇出轨或者劈腿，他们总是抱怨这个人没有浪漫的细胞，也不能把生活经营得风生水起。殊不知，正如人们常说的，一个巴掌拍不响，任何情况下，爱情都需要双方用心经营。而当一方努力付出，一方却索求无度，哪怕再深厚的爱情也会渐渐消耗殆尽。现实生活中，很多人的婚姻都如同奄奄一息的火苗，只剩下小小的火焰，若有若无。的确，没有爱情的支撑，琐碎的生活的确使人难熬。但是，爱情却要彼此点燃，唯有相爱的双方心中都烈焰升腾，爱情才能红透半边天。

遗憾的是，爱情中总不乏骄傲的公主或者王子。他们在爱情之初就得到爱人的追求，所以已经习惯了在爱情中骄傲和尽情地享受对方的爱，却从未想过在这个世界上除了父母之外，没有人会无缘无故爱我们一辈子。所以哪怕与深爱我们的人相处，我们也要学会回应和付出，这样才能让彼此心中的

爱源源不断，也始终滋润我们的心田和人生。

大学期间，乔乔就和自己的初中同学徐宇恋爱了。然而，大学毕业后，乔乔跟随徐宇去见徐宇的父母，不曾想到徐宇的父母坚决不同意徐宇和乔乔在一起。一则乔乔比较矮，比徐宇矮一大截，二则徐宇在上海上学，也许毕业后会留在上海，而乔乔读的是师范，毕业后注定要回到家乡当一名小学老师。原本，乔乔打定主意等到徐宇在上海落脚之后，就去上海找徐宇，为此乔乔对于这段感情始终很有信心。

乔乔早徐宇两年毕业，因为徐宇接着读研究生了。拿到第一个月的工资，乔乔就为徐宇买了一件非常好的皮夹克，而自己却为此没钱吃饭，不得不向父母要钱度日。对于乔乔的付出，因为乔乔父母都很喜欢徐宇，所以也没有意见。他们全家都对徐宇很好。好不容易等到徐宇毕业，乔乔当即辞掉工作，去上海投奔了徐宇。然而，因为乔乔读的是大专，所以在上海找不到太好的工作，而徐宇则进入一家世界五百强，成为了真正的高精尖人才。眼看着两个人之间的差距越来越大，他们总是产生争执，也渐渐地不再和睦。很多现实的问题都摆在他们面前，上海房价那么高，虽然徐宇工资不低，但是如果只靠着徐宇一个人挣钱，买房显然要猴年马月了。而徐宇一直以来已经习惯了乔乔的付出，只要稍微有点儿不满意，他就会对乔乔牢骚满腹。渐渐地，徐宇喜欢上了本公司的一个女孩。那个女孩据说是公司一位副总的侄女，徐宇很清楚自己如果和那个女孩在一起意味着什么。最终，徐宇选择了分手，转而疯狂追求那个女孩。乔乔伤心欲绝，但是她也没有退路，只好搬出徐宇租的房子，一个人住到条件艰苦的地下室里，开始了艰苦的奋斗。

至于徐宇呢，在他和乔乔的爱情中，他是主宰，是整个宇宙的中心，是太阳，但是在和那个女孩的爱情中，他却卑微得如同尘埃，因为他的爱情已经不再纯粹了。女孩很高傲，也知道徐宇追求她的小算盘，因而对徐宇总是爱答不理，颐指气使。直到此刻，徐宇才知道乔乔这几年爱着他付出了多少，有多么不容易。

一粒种子种在贫瘠的土地中，总是难以生根发芽、开花结果。这是因为贫瘠的土地无法为种子提供生存必需的条件和养分，所以哪怕种子再努力，也很难生存下来。同样的道理，爱情就像一粒种子，需要相爱的两个人彼此理解、宽容，相互依存，也努力付出，才能给予对方更美好的感受和体验，也才能让对方对自己更从容。对于真正需要爱情也追求爱情的人而言，爱情不是更好的物质条件和更优越的生活，而是两个人能够彼此相依相偎，心心相印。有的事情哪怕不说出口，只要一个眼神就能心领神会，这就是爱情的默契。

人生最幸福的事情，不是拥有多少财富和权势，而是当我们爱的蒲公英飘然落下时，能够落到一片肥沃的土地上，从而让种子生根发芽，开出绚烂的花朵。所以不管是谁，在爱情中都要付出真心和真情，都不要随意地骄傲和任性。你的谦逊不会使爱人骄傲，只会让爱人更怜惜你。当然，谦逊和低调不是卑躬屈膝，我们永远都要记住，爱情强求不来，也不是乞求能够得到的。既然如此，我们就要挺直腰板对待爱情，也让我们如同舒婷的《致橡树》中，以树的形象和所爱的人比肩而立。

等到对方筋疲力尽，你的回应也晚了

人与人进行语言的交流，是需要及时回应的。人与人进行心灵的交流，同样需要及时回应。很多时候，有些人在爱情中非常高调，总是觉得自己高高在上、不可一世，因而对爱人颐指气使。其实，也许身份会有高低贵贱，但是在爱情之中人人都是平等的。就像人与人的交往必须以平等和尊重作为基础一样，爱人与爱人的关系也是人际关系的一种，也需要不断地彼此磨合，所以在爱情之中同样要以平等和尊重为基础。

在很多影视剧中，我们都看到过王子爱上了灰姑娘的故事，而灰姑娘在与王子真正走入婚姻之后，却有了诸多的争吵。相反，也有一些出身普通的男孩爱上了富家女，正所谓凤凰男和梧桐女的故事，结局也不尽美好。不得不说，这样的爱情看似平等，却因为身份地位悬殊，也因为对生活的理解和感悟不同，导致相爱容易相处难。古时候讲究门当户对，虽然这是封建思想，实际上却有一定的道理。然而，爱情总是这样不分青红皂白，相爱的两个人总是爱得昏天暗地，谁也不愿意轻易放弃。既然如此，就要学会与爱人相处。所谓相爱容易相处难，当学会相处，也许爱情中的很多难题也就迎刃而解了。

爱情中，总有些人高高在上，他们不知道如何与爱人相处，因而就对爱人颐指气使。有的时候他们被追求，也不愿意作出回应。在《咱们结婚吧》这部电影中，顾小蕾不顾女孩的矜持，向男友凌霄提出结婚。但是凌霄虽然很爱顾小蕾，却对结婚心有顾虑，也不愿意这么早地就把自己限制在婚姻里。因而面对顾小蕾一次又一次的追问，他总是选择不回应或者逃避，最终让顾小蕾心灰意冷，提出再给他三天时间考虑，否则就结束这段没有结果的恋情，选择分手。顾小蕾的最后通牒也的确给了凌霄很大的压力，他犹豫不决，也认真思考。直到在飞回国内的航班里遭遇气流，他才恍然大悟，原来自己在遇到生命危险的时候最想念的人是谁。为此，他一下飞机就去找顾小蕾，却发现顾小蕾已经辞职离开了。幸好，最终凌霄在飞机上找到了顾小蕾，否则顾小蕾手机已经停机，他很有可能一错就是错过一生。看到有情人终成眷属，让每一位看客也不由得深深感慨要抓住手中的幸福。在这部电影中，姜武饰演的做婚纱的陈师傅，也用情至深。他告诉一直深爱的婚纱店长："眼前的就是最好的。"的确，人生面临着很多的选择，唯有果断选择，勇敢回应他人，我们的人生才会有更多的机会，也会享受更多的美好。

常言道，爱之深则恨之切，而没有回应的爱就像是拳头打在棉花上，根本没有任何反应。这样的无力道之感，让人觉得失去平衡，也无从宣泄自己的情绪。在爱情之中，相爱的人可以很宽容和包容，但是却不能忍受没有任何回应。正所谓精诚所至，金石为开，而如果我们不管多么努力付出，都无法得到他人的感动，那么最终我们的付出就是毫无意义的。爱情原本就是双方面的。尤其是在面对感情时，很少有人能够忍受对方的冷漠。真正相爱的人，不管是有了开心的事情还是伤心的事情，第一时间就想与他人分享，也不管是有了好吃的或者是好玩的，也是第一时间就想到对方。这就像是父母牵挂孩子一样，是每时每刻无微不至的。所以要判断自己是否爱一个人其实很容易，就是看自己是否时刻都牵挂着对方，是否没有一刻能够忘记对方。

很多女孩会因为男朋友记不住自己的生日感到很生气，的确如此，女孩之所以生气，其实并非是女孩小气，而是因为男人根本没把女孩记在心上。当一个人真正想要记住什么的时候，他绝对不会轻易忘记。而女孩也恰恰因为男人的态度，所以才会有诸多不满意。爱情使人变傻，很多人在根本得不到对方回应的情况下依然不计回报地付出，这当然是对爱情应有的态度，但是我们必须记住，单相思不是爱情，也不值得你这样付出。尤其是很多女人面对爱情智商几乎为零，哪怕明知道对方对她们毫不在意，也从不付出，她们还是一厢情愿。这样的付出，还是尽早终止更好。感情也会消耗殆尽，既然如此，我们何不把感情留着用在值得的人身上呢！

换个角度来看，假如在爱情中我们是被追求的那一方，实际上看似我们很被动，却掌握着主动权。不要一味地享受对方的付出和无微不至的爱与呵护。不管爱与不爱，我们都要给予对方回应。不爱，就告诉对方重新寻找，爱，就要让对方感受到你的温度。如果总是含糊其词不把话说清楚，这就像是在欺骗对方的感情，不但是对对方不负责任，也是在欺骗自己，对自己不负责任。所以不要对爱情模棱两可，该明确说出来的话一定要适时明确地说出来，才不至于引起误解。如果因为你的磨磨蹭蹭而错过了真爱，这才是人生中最遗憾的事情呢！

执子之手与子偕老，这就是浪漫

在《咱们结婚吧》中，很多女孩都渴望着婚姻，渴望着与所爱的人走入婚姻的殿堂，迎接幸福生活的到来。遗憾的是，现代社会有很多年轻人不知不觉中都成了大龄剩男剩女，他们或者因为忙于工作，或者因为不愿意太早结束单身狗的生活，一来二去就把自己耽误了。没错，在很多老人眼中，到了年纪甚至过了年纪还不结婚的人，就是把自己“耽误”了。不可否认，人最宝贵的青春年华只有很短暂的时间，一味地拖延，最终把人生拉得又细又长，失去了宽度和厚度。实际上，婚姻并非人们所说的是人生的围城和爱情的坟墓，更多的时候，婚姻将会带给我们执子之手与子偕老的美妙缘分和一生陪伴，这又何尝不是最大的浪漫呢！

提起浪漫，很多人都觉得在海边放烟花、在大街上用巨幕广告求爱、在节日的时候送上九百九十九朵玫瑰才是浪漫。不得不说，这些的确是浪漫，但都是伪浪漫，也是经不起推敲和考验的浪漫。对于相爱的人而言，真正的浪漫就是牵起对方的手，一直走到容颜迟暮、白发苍苍，也绝不放手。高圆圆作为知名演员，演绎过很多和爱情有关的影片，诸如《一生一世》《单身男女2》《咱们结婚吧》。在这些影片里，高圆圆塑造的都是追求爱情的角色，就连《咱们结婚吧》的导演刘江都说高圆圆成为了爱情女王。其实，高圆圆的爱情不仅仅表现在作品中，在现实生活中，她和赵又廷的爱情也同样让很多人羡慕。很多圈里的朋友都开玩笑似的向高圆圆取经，高圆圆总是告诉大家："我曾经以为浪漫就是放烟花，给对方惊喜和新鲜、刺激，现在我知道那些如同昙花般绽放的感受都是暂时的，唯有相濡以沫中的点滴感悟才是对爱情最深刻的感知。我现在知道，最浪漫的事情就是与所爱的人一起慢慢变老。"

一直以来，杜鹃都渴望获得轰轰烈烈的爱情，所以对于丈夫刘强，她始终不冷不热，既爱不起来，也恨不起来，她当初之所以选择嫁给刘强，完全是因为到了结婚的年纪，想给家人一个交代而已。如果说恋爱中因为新鲜和陌生，偶尔会有心动的感觉，那么步入婚姻的杜鹃简直觉得自己走入了一潭死水。毋庸置疑，刘强是个很会照顾人的丈夫，每天杜鹃下班，刘强已经把饭都做好了。但是吃得久了，杜鹃曾经认为很好吃的菜也渐渐变得寡淡无味。

一天，杜鹃提议去吃海鲜大餐，刘强说："去吃海鲜大餐太贵了，你要是想吃，我明天早点起床去市场买最新鲜的海鲜，给你做一桌，包你吃得满意，如何？”杜鹃当然不满意，因此她的嘴巴噘起来，眼神里充满了愤怒。她喊道：“你做的海鲜能和大厨做的一样吗？况且，在咱们这个六十平的家里吃海鲜，能和在高档酒店吃的一样吗？你就知道省钱，你怎么不想想挣更多的钱，让我想什么时候去吃海鲜大餐就什么时候去呢！”杜鹃的话说得刘强脸上白一阵红一阵，根本不知道如何搭茬。渐渐地，随着时间的流逝，杜鹃和刘强的婚姻生活越来越枯燥乏味。最终，杜鹃认识了一位事业有成的男人，很快就与那个男人坠入爱河。为了和那个男人在一起，杜鹃义无反顾地离了婚。然而，直到一次又一次地被拖延结婚，她才知道那个男人原来有家室，和杜鹃在一起只是为了逢场作戏。杜鹃孑然一身，失魂落魄，醉倒在酒吧里。酒吧里的人用杜鹃的手机打电话通知了刘强，刘强把杜鹃接回家。杜鹃从噩梦中醒来，发现刘强正趴在床边看守着她，不由得泪流满面。刘强要和杜鹃复婚，杜鹃觉得自己已经不配和刘强在一起，她懊悔地说：“晚了，一切都晚了。”刘强抚摸着杜鹃的头，说：“你是一个贪玩的小孩，你只是跑出去玩了一趟，现在该回家了。”

也许直到此刻，杜鹃才知道真正的爱情是什么。而在此之前，杜鹃对于爱情的理解还太肤浅，也导致她不能珍惜刘强深沉踏实的爱。直到出去玩了一圈，受到了伤害，杜鹃才意识到自己曾经是错的。然而，想要回头的她俨然觉得对不起刘强，已经无法回头。幸好刘强宽容大度，还愿意接纳她，包容她，也愿意再给她一个家。

爱情不是轰轰烈烈，更不是飞蛾扑火。相爱的两个人在一起相互依存，总感觉比一个人更好，也总觉得不能松开对方的手。就这样一直牵着手，从人生中最美好的年华走到中年，走到渐渐老去，也走过人生的酸甜苦辣和各种坎坷挫折，爱情变得越来越明晰，也沉淀在每一个人的心里。当然，为了调节爱情，我们还是可以选择很多方式来为爱情增添色彩，丰富感受，但是任何时候都不要忘记爱情的真谛，那就是执子之手与子偕老。

征服爱情，不但要会做菜更要会摆盘

每次去琳家里吃饭，总是惊艳于她的摆盘。琳是一位富太太，不需要工作，每天的生活就是做美容、健身，顺带照顾照顾孩子。之所以说顺带，是因为琳家里有专职保姆照顾孩子，根本不需要琳太费心。有段时间，琳也许觉得无聊，居然专门跑去学做菜。提起厨师学校，很多人脑海中第一时间就会想起电视上的广告，即厨师们拿着锋利的菜刀正在练习切丝，或者是举着沉重的大锅，正在炒菜。琳学的和这两种都无关，实际上琳家里除了照顾孩子的保姆，还有专门负责家务活的保姆。这个保姆还会做四川菜，而且做得非常好吃，所以日常做菜根本不需要琳上场。那么琳到底去学什么呢？原来，琳学习的是高级西餐。

提起西餐，格调瞬间高大上起来。琳经过半年的学习后，决定在家里请我们吃饭。去了琳的家，看着堪比五星级酒店餐桌的长条桌，我们都羡慕不已。再看看琳端上来的菜，既有纯正的法国焗蜗牛，也有高品质的葡萄酒，最重要的是每一道菜上来都很惊艳，摆盘简直比《厨师擂台赛》中的摆盘更漂亮。席间，我们和琳边吃边谈，琳告诉我们："去学习之前，我也觉得学几道拿手好菜才是最重要的，但是真的半年的时间里我们至少有三分之二的时间在学习摆盘。你们都不知道老师多厉害，她居然能用沙县小吃做成一道大餐。”从琳的讲述中，我们还没有吃一道菜品，就先对这道菜品充满憧憬，在看到菜品之后甚至不忍心动刀叉大快朵颐了。琳还开玩笑说：“自从我厨师毕业，我老公都不愿意在外面应酬吃饭了。”看着琳雍容华贵又简单清洁的家，我们都知道琳当了这么多年全职太太，为何还能牢牢抓住老公的心和胃了。

很多女性朋友都以自己会做菜为骄傲，殊不知，女人只会做菜还是远远不够的，比做菜更重要的是会摆盘。也有很多女人每天都像黄脸婆，越是不上班，越是对自己仪容放任，最终导致老公对自己完全失去吸引力，却又在老公出了轨有了外遇之后哭天抹地，对老公怨声载道。殊不知，男人从生理的角度而言就是视觉动物，女人不但要负责家里的柴米油盐衣食住行，更要负责貌美如花，才能保持家庭稳定，让老公始终对自己忠心耿耿。

爱情，其实是这个世界上最难保鲜的东西。如今，世界上很多新鲜娇嫩的东西，都有与之对应的保鲜方法，但是却始终没有人想到有效为爱情保鲜的办法。所以，作为家庭主妇，作为婚姻生活的半边天，作为家庭生活的大半边天，女人必须找到最佳的方法为自己的爱情保鲜，也要根据自己的婚姻和爱情，有的放矢，在以高超厨艺做出美食之后，更以巧妙的用心摆出让人惊艳的菜品，既吸引老公的眼球，也吸引老公的心灵，更牢牢拥有老公全部的爱。

当然，这里虽然以会做菜更要会摆盘为题目，但是我们却要采取发散性思维，知道文章的主旨并不仅仅局限于做菜或者摆盘。夫妻生活是非常琐碎的，夫妻不仅同在一个屋檐下生活，而且还要一起面对生活的泥泞坎坷，共同协商解决生活中的很多事情。这样一来，夫妻之间自然要心灵契合，也只有在生活之中不断地交流和沟通，才能渐渐地相处融洽，也让家庭生活进展更顺利。在很多交流的情况下，交流的内容其实不是最重要的，更重要的是讲究方式方法。正如很多人所说的，一句话换作不同的人说，或者同一个人把不同的话以不同的方式说出来，所产生的效果都是完全不同的。总而言之，生活需要面面俱到，我们要想在生活中八面玲珑，也同样需要面面俱到，把每一个小小的细节都做好，才能与爱人的交往顺遂，也才能让爱情更加深沉厚重。

第 04 章

用你努力的现在，建造自己最好的未来

每一个今天，都是人生中不断增加的昨天，每一个昨天都成为人生的定局，再也无法改变。人们常说要活在当下，其实就是告诉我们每一个人的人生都不可重来，也不可预设，唯有今天，才是我们能够把握的人生每一天。所以要想拥有远大而又美好的前程，我们就要非常努力，才能打造自己最好的未来，也才能让自己的人生无怨无悔，勇往直前。

伤心时，你总能找到温暖的所在

人生路上，每个人都在踯躅前行。有些人走的是寻常路，所以尽管磕磕绊绊，最终还是毫无悬念地到达了终点。有的人偏偏不走寻常路，总要走一条前无古人的路，就未免被脚底尖锐的石头刺破脚掌，从而无数次感到疼痛，也无数次鲜血淋漓。常言道，人生不如意十之八九，果真如此，如果你足够用心，你就会发现人生路上你总是跌跌撞撞，似乎旧的伤痕还没有愈合，新的伤痕就已经来了。不得不说，这就是人生的真相，也是人生残酷的本质。

越是有理想的人，在人生道路上越是要经历更多的坎坷挫折。纵观古今中外，大多数成功者无一不是饱经磨难，饱经沧桑的。有很多人对于成功都有误解，总觉得那些得到命运眷顾的人才能收获真正的成功，其实不然，很多情况下，成功只属于那些哭过笑过痛过却依然一往无前的人。正如古人所说，“天将降大任于斯人也，必先苦其心志，劳其筋骨，饿其体肤，空乏其身……”由此可见，大多数能够担当大任的人，无一不是饱经磨难却从不低头降服的人。他们是人生的强者，也总能从或者残酷或者清冷的人生中，找寻到生命的温暖所在。

没有人的人生是一帆风顺的，走得太舒服的路都是下坡路。而要想在人生路上不断攀升，我们就要低下头，弓起后背，一步一步地努力向前向上。哪怕有的时候命运和我们开残酷的玩笑，让我们对待人生哭笑不得，我们也必须牢记：既然哭着也是一天，笑着也是一天，我们就要笑着度过生命中的每一天。是啊，既然不论采取怎样的姿态，人生都一如往常，那么我们就要更加绚烂地绽放。

众所周知，玫瑰花非常美丽，也芳香浓郁，但是玫瑰花有刺。难道我们因此就再也不欣赏玫瑰花了吗？哪怕被刺扎过，我们也依然要欣赏玫瑰花，而且还要尽情享受玫瑰花的芳香和美丽。人生中诸多的挫折和磨难也正在于此，它们看起来给我们带来很多麻烦，也使我们痛苦不堪、无言以对，但实际上它们恰恰是人生中最好的养料，不但滋养人生，也滋养我们的心灵，让我们不断地成长和成熟起来。

当我们如同朝圣者一样艰难地行走在朝圣的路上时，任何时候都不要选择放弃。因为唯有坚持，我们的人生才能拥有坚定不移的方向，我们也才能抵达人生中梦想的所在。不可否认，有的时候人生的确太难了，难得我们似乎再也无法坚持下去。其实只要认真细心地观察，你就会发现身边总有些温暖的人和事，让你瞬间感动，再也不忍心以冷漠的姿态面对这个世界。

罗丹刚刚离了婚，搬到一间单身公寓里独自生活。这段时间，除了工作，她几乎从不出门，更不与左邻右舍的人打招呼。有的时候，她的邻居家里还会传来疯狂玩乐的声音，她猜测邻居家里一定有两个孩子，所以气氛才会这么活跃。当然，她也未免觉得吵闹，因为对于她这样一位结婚不久且没有孩子的离异女性而言，还不知道孩子对于母亲的意义。

有一天，公寓里突然停电了。罗丹听到敲门声，不由得感到很紧张。她以嘶哑的声音问："是谁？"门口传来稚嫩的声音："阿姨，我是你家的邻居。”罗丹觉得很担心，她只有仅剩的几根蜡烛，根本不想帮助邻居。最重要的是，她心中落落寡欢，也根本不想和邻居有太多的来往。为此，她熄灭蜡烛，打开门。一个大男孩站在她的门口，满脸笑容地对她说：“阿姨，你有蜡烛吗？”罗丹冷漠地摇摇头，男孩突然从口袋里拿出几根蜡烛递给罗丹，说：“这是我妈妈让我送来的。她说公寓里经常停电，你刚刚搬来一定没有蜡烛。”罗丹的心中突然觉得暖暖的。男孩离开后，她的眼中溢满了泪水，她从不知道在这个冷漠的人世间，居然还会有人关心她，为她着想和考虑。从此之后，罗丹和男孩一家成为了很好的朋友，他们是邻居，也是亲人，罗丹也渐渐在与男孩和妹妹相处的过程中，从失意里走出来，再次对人生充满了信心。

人生原本就很艰难，然而有些人有些事情，遇到了就是温暖。就像事例中的罗丹，她被自己曾经的爱人伤害了，在搬到陌生的地方疗伤时，却遇到了友好和善的邻居。不得不说，罗丹是不幸的，也是幸运的。人们常说，不幸的人各有各的不幸，但是幸福却都是相似的。其实，幸福也是各不相同的。只要我们心中常怀希望，不放弃对生命的拥抱，那么早晚有一天，我们会如愿以偿地得到幸福，也会成功地改变自己的命运和人生。

朋友们，要记住，哪怕人生有再多的不如意，归根结底我们也要以积极的态度面对。常言道，心若改变，世界也为之改变。的确，当我们满怀激情地面对人生，我们自然会感受到更多生命的悸动，也会深刻体会到生命中小小的温暖和感动。当对人生失望或者绝望时，不如想一想生命中的温暖，哪怕是那些不相干的人和事，也有可能我们你感受到生命的律动，对生命再次充满热爱。

忘记生活的不如意，疯狂地拥抱生活

提起疯子，你的脑海中不假思索地会出现什么？一定是那些癫狂的形象，诸如金庸笔下《射雕英雄传》中的周伯通、梅超风和黄老邪。然而，恰恰是这些疯疯癫癫的人物，不但成为了荧幕上最鲜明的形象，也深深地印刻在每一个读者的心中。哪怕没有荧幕来使他们的形象具体化，大多数读者也会想象他们栩栩如生的样子，对他们印象深刻，过目难忘。那么，假如有人称呼你们为疯子呢？你们还会对于这个词语这样地无动于衷、波澜不惊吗？相信肯定不会。被人叫作疯子是什么感受，这一点只有真正被叫作疯子的人才会知道。虽然大多数人都把疯子作为贬义词，但是不得不承认的是，更多的人把疯子看作是褒义词，尤其是在自己被他人叫作疯子时，居然感到非常兴奋，也很荣幸。

现实生活中，的确有很多疯狂的人。他们在人生之中常常表现出与他人完全不同的特质，也经常一次次颠覆人们对于疯子的定义。实际上，疯子真的可以被作为褒义词，被作为对他人的褒奖。当然，前提是那个人真的很喜欢当疯子，也很愿意疯狂地拥抱生活。不得不说，生活的本质就是带有一些癫狂的。有人把生活比喻成一条路，那么确切地说，生活应该是一条起伏不平、如同过山车一样的路。任何情况下，我们都不能战战兢兢，也不能踟蹰不前。当在人生中遭遇选择时，犹豫不定、瞻前顾后的人往往会错失机会。而能够抓住机会的反倒是那些做事情不计后果也不权衡利弊、像个疯子一样癫狂的决绝之人。坐过山车的最好方式就是不与过山车对抗，而是与过山车融为一体，在过山车的疯狂节奏中摇摆。一起摇摆，这似乎是某首歌的歌词，也恰恰意味着我们的人生只有全情投入，才能收获硕果。

不可否认，没有人的人生会是一帆风顺的，大多数人的人生都会遭遇各种各样的坎坷与挫折，都会被各种不幸和突如其来的灾难打击得遍体鳞伤。然而，要想活出精彩的人生，要想在人生路上轻装上阵一往无前，我们就不应该有好记性。唯有及时忘记那些不该记住的事情和倍感沉重的过往，我们才能及时清理人生的行囊，让自己人生的包裹更轻一些。哪怕面对残酷的、沉重的人生，我们也要积极热情地拥抱人生，就像个疯子一样，绝不计较，也不瞻前顾后，而是把一切都做到极致，做到最好。

知道瑞比夫妻的人，都说他们是疯子。原来，瑞比夫妻自从结婚之后就双双辞掉工作，开始周游世界。他们完全是穷游，一边旅游一边工作，有的时候就住在荒郊野外。在这样的情况下，他们一连生了两个孩子，如今瑞比的妻子已经怀上了第三个孩子。不得不说，旅行途中是很艰苦的，但是瑞比夫妻对此甘之如饴。他们完全相信孩子和他们一起热爱旅行，也相信孩子会在看遍世界之后变得更加聪明睿智。

为了拥有充足的旅游经费，他们还卖掉了唯一的房子。他们一家人就这样过着朝不保夕的生活，今天还在这个国家散步，明天已经到了那个国家安营扎寨。最困难的时候，他们甚至食不果腹。然而，他们终究这样一步一步地走过来了。他们的旅行很与众不同，他们不仅仅去那些知名景点，而且完全深入一个国家，在那里真正生活一段时间，了解当地的风土人情和风俗习惯等。只有这样如同疯子一样做自己喜欢的事情，融入生活的颠沛流离，他们才能一往无前地坚持下去，成为全世界瞩目的人。

每个人对于人生都有完全不同的体验和感悟，瑞比夫妻也许是因为热爱旅行，也许是为了寻找心灵的充实和丰盈，所以才会选择这样的人生方式。没错，这俨然已经不仅仅是他们的旅行方式，而是他们的人生方式。其实，人生的方式并不局限于常人所认可的，也可以是特立独行的，甚至可以是与众不同的。在很多情况下，我们更要坚持梦想，坚持理想，这样人生才会更加从容。

曾经，有一个老总把公司从很小的规模渐渐做大，最终却发现随着金钱的增多，他根本没有收获自己想要的生活。随着公司规模不断扩大，他越来越忙碌，为此，妻子和孩子意见都很大，怨声载道。有一次因为应酬晚归时，妻子气愤地向他提出了离婚。他痛定思痛，突然辞去公司董事长的职务，决定在事业巅峰时刻回归家庭。虽然每个月都有公司的分红，但是他决定去当一名出租车司机，给妻子和孩子正常的生活。他的人生就像是从云霄掉到地上，但是他丝毫不觉得无法适应，而是把心放下来，放下来，就这样脚踏实地地回归到人生的地平线。果然，从此他与妻子的感情又渐渐恢复到深厚的状态，孩子对他也不觉得那么陌生和敌视了。虽然他放弃了自己的事业，却赢得了幸福美满的家庭，不得不说他的选择也是非常理智和果断的。

常言道，家家有本难念的经。不管生活是一帆风顺，还是充满波折，我们都要端正心态，得意时不张狂，失意时不沮丧，唯有如此，我们才能从容地面对人生，也活出属于自己的精彩。即使在被生活开了冷酷而又危险的玩笑时，我们也要端正态度，摆正心态，而不要患得患失，更不要对生活怨声载道。每个人的人生都是世界折射在他眼中的样子，当人的眼睛变得通透，人生也会变得轻盈和简单。

成就自己，才是人生最大的成功

在这个世界上，有太多的人获得成功，也足以成为我们人生的楷模。难道我们因此就要去模仿他人，并且成为他人的复制品吗？当然不是。对于任何人而言，最大的成功是成就自己，而不是成为他人。否则一个人一旦失去自己，哪怕再怎么万众瞩目，也都失去了自我，更无法成为真正的自己。在很多选秀节目上，不乏那些曾经给大歌星充当和声的人，现在都要参加选秀，参加各种歌唱的比赛，原因就是他们不想在留在幕后，成为默默无闻的自己，而想要抓住机会走入民众的视野，获得属于自己的成功，活出属于自己的精彩。所以我们说，成就自己，才是人生最大的成功。

常言道，幸福的家庭都是相似的，不幸的家庭各有各的不幸。实际上，失败的道路千差万别，成功的道路也各不相同。要想获得成功，我们不能走别人已经走得泛滥的道路，而要独辟蹊径，走出属于自己的道路。唯有如此，我们才能距离成功越来越近，最终才能获得成功。所以不管是做人还是做事，都不要盲目模仿，唯有成就自我，才能创造未来。

大学毕业后，很多同学都去了有实力的企业找到了不错的工作，但是林倩却不愿意随波逐流。她有自己的想法，原来她一直以来都想开一家淘宝店铺，把店铺做大做强。看到林倩虽然收到了外企的聘用通知却不为所动，同学们都不理解。和林倩要好的同学更是劝说林倩："林倩，别傻了，现在这么多人开淘宝店，挣不到钱也不太可能获得成功的，去外企工作多好，我们想去还去不了呢！"对此，李倩只是笑了笑，她不愿意成就这样的自己。

就这样，林倩义无反顾地踏上了淘宝创业之路。刚开始时没有钱，她只能开一个小小的免费店铺，出售自己批发来的各种母婴小用品。随着时间的流逝，林倩把店铺做得越来越好，也渐渐地有了一些小名气，因而决定向天猫进军。她开了属于自己的第一家天猫店铺，为了获取更多的利润，她不再批发商品来出售，而是成立了属于自己的工厂。原来，林倩主要经营母婴用品，诸如婴儿三角巾、口水巾、肚兜等。这些东西虽然看似不值钱，但是生产成本也很低，为此林倩很快赚得盆满钵满。几年过去，林倩又在天猫开了好几家店铺，工厂的规模也一再扩大。她成了不折不扣的林老板，而此时，她的很多同学还依然是公司里最基层的员工呢。还有几个与林倩要好的同学，在林倩的邀请下也加入林倩麾下，和林倩一起创业。

假如林倩在大学毕业之初和很多同学一样，也去企业里工作，那么她现在必然不会有这样的成就。西方国家有句谚语，叫条条大路通罗马。原本这句谚语是形容罗马城非常繁华，道路四通八达，现在人们习惯于用这句话来形容通过各种各样的方式都能取得成功，也都能获得最好的结局。不得不说，这样的成功是我们想要的，也是大多数人都憧憬和渴望的。然而，和林倩相比，我们却缺少勇气，也没有足够的信心坚定不移地做好我们想做的事情。

人最可贵的并非模仿他人，忘却自己的人生，而是拥有自我，创造自己的人生。正所谓我的人生我做主，不管什么时候，我们都要成为自己人生的建造者，努力打造和经营自己的人生。这样我们才会成为人人羡慕的对象，也才会更加勇敢地面对未来，成就自我。当然，人生的道路从不一帆风顺，很多时候也是充满坎坷的。人生路上，唯有不断地反思自我，才能让自己更加聪明睿智，也才能让自己更加从容地应对人生中的各种变故。

他人不会记住你的艰难，只会仰望你的勇敢

人生路上，充满了坎坷和艰难，甚至还会有突如其来的意外和灾难。然而，每个人只要活着，就不能当人生的逃兵，就要想尽办法度过那些艰难的时刻，表现出自己的勇敢，也让自己成为人生中真正的强者。大多数走过人生艰难坎坷获得成功的人都知道，人生从来不会平白无故收获，所以他们在受到万众瞩目之后，总是会情不自禁地回忆起自己当初艰难的时刻。让他们感到不可理解的是，人们似乎只看到他们此刻的光鲜亮丽，而对于他们曾经的艰苦卓绝却丝毫不记在心上。他们不明白，难道苦难不是成功的学校吗？为何人们只愿意看到结果，而不想重视过程呢？这是因为人们的内心是趋利避害的。每个人都想用他人成功的经验激励自己，而不想用他人过往的艰难消磨自己的斗志，让自己变得举步维艰。

众所周知，人生不如意十之八九，其实人生何止不如意呢？很多时候，人生简直就是一部灾难片，让我们无法面对，恨不得丢盔弃甲溃逃而去。即便如此，我们也依然要面对人生，只有走过风雨泥泞，我们才能迎来阳光普照，也才能在人生之中赢得更多的美好未来。所以朋友们，我们要记住，没有人会牢记我们过往的艰难，而只会对我们现在的成功光芒感到羡慕不已。与其怨声载道也求不到帮助和扶持，不如一个人咬紧牙关熬过去，就能迎来柳暗花明。越是这样的情况下，我们越是要更加从容，不要因为命运小小的挫折就败下阵来。当你成为人生真正的强者，你就会变得卓尔不凡。

安格拉·默克尔出生在德国北部的一个港口城市——汉堡。她的父亲是当地神学院的院长，母亲是一位老师，教授英语和拉丁语。在父母的严格要求下，安格拉一直非常努力，总是力争在每个方面都做到遥遥领先。一直以

来，安格拉最不擅长的就是体育，毕竟女孩天生体力弱，胆子小。然而她却一次又一次地战胜自己，做到了突破自我。

在12岁那年，安格拉上了一节让自己永生难忘的体育课。在体育课上，老师要求每个同学都要练习跳水。最终，跳台上只剩下一个心惊胆战的小女孩，而其他女孩都已经勇敢地跳下去了。只见小女孩动也不敢动地站在那里，虽然同学们和老师一直在鼓励她，但是她就是不敢尝试，甚至还因为恐惧泪流满面。眼看着下课的时间就要到了，老师未免有些着急起来。小女孩鼓起了所有的勇气，好不容易才往前迈了两步。她的腿抖动得很厉害，的确，对于一个小女孩而言，三米高的跳台很高。正当大家都以为小女孩一定会放弃时，出乎大家的意料，只见小女孩突然闭上眼睛，决绝地跳了下去。同学们给予了小女孩热烈的掌声，一位同学问小女孩："安格拉，你是如何做到的？你真的非常勇敢。"此时，12岁的安格拉已经擦干了眼泪，显然她的内心依然没有平静，因为她用颤抖的声音缓缓地说："爸爸曾经告诉我，害怕的时候，哪怕闭上眼睛也要迈步向前。"

害怕的时候，哪怕闭上眼睛也要迈步向前。正是在这样的信念的支撑下，安格拉才不负父母的期望，最终在学习上一往无前，于36岁在莱比锡大学成功获得物理化学博士学位。后来，安格拉还表现出杰出的政治天赋，居然击败了德国前任总理施罗德，成功当选德国总理。有史以来，安格拉是德国第一位女总理。当接受记者采访时，安格拉还想起自己12岁时的那次跳水。她告诉记者，自己之所以能获得成功，就是因为不管面对多么艰难的处境都能向前一步，再向前一步，然后哪怕闭着眼睛也要勇敢地跳下去。

任何时候，哪怕只是前进一小步，我们也要保持前进的态势，而不要因为被艰难困厄，就止步不前，更不要因为被残酷的命运吓倒，就彻底放弃命运。任何情况下，人生都是充满艰难的，然而没有人会记住人生的艰难，反而总是被成功的光芒所吸引和折服。所以朋友们，要想出人头地，要想获得万众瞩目，就不要轻易放弃。唯有蹚过人生的河流，我们才能到达人生的彼岸，也从此更加从容果断，树立坚定不移的信心和勇气。

人生是一趟没有归途的旅程，任何时候，哪怕道路再艰难，我们也不要轻易放弃生命，更不要随随便便就被命运降服。唯有不屈服的勇者，才能成为命运的主宰，才能扬起生命的风帆奋勇向前，绝不轻易改变和懈怠。很多人都抱怨命运不公，实际上曾经有心理学家指出，每个人的先天条件都相差无几，而之所以人与人之间后天发展迥异，就是因为他们对待人生的态度有所不同。既然如此，我们就要鼓起十二分的勇气，勇敢地面对人生，绝不轻易被人生小小的挫折和坎坷击败，而是越挫越勇，坚定不移地走好人生之路。

努力，你才能得到人生的回程票

人人都说，人生是一趟没有回程的旅行。其实，人生也是有回程票的。回程票尽管不能使人生重来，却能够帮助我们再看一看没有看厌倦的风景，再想一想自己走过的人生之路，甚至重新拥有自己无限眷顾的美好生活。当然，这一切并非想想而已，而是要努力去做，才能成功赢得。

众所周知，人生没有回头路，但是当我们足够努力的时候，我们总是可以实现自己暂时搁置的梦想，也能够从容地享受人生，绝不为了人生而姑息或者停止奋斗。对于人生，要采取积极的态度，不要觉得人生既然如此，奋斗也就变得毫无意义。尤其是现代社会贫富差距增大，很多人含着金汤匙出生，一出生的起点甚至比大多数人奋斗一生的终点还要高很多，难道我们因此就要放弃努力吗？当然不是。哪怕我们拼尽全力地奋斗也无法拥有别人一出生就拥有的一切，我们也依然要奋斗不止。因为人生从来都不是用来挥霍的，我们人生的标杆是自己，而不是任何其他的人。

大学毕业后，张猛决定留在上海。在这个陌生的城市里，他无亲无故，也因为家境贫寒，父母在供养他读完大学之后，再也无法给予他任何支持和帮助。所以张猛只能靠自己，拼尽全力地工作，只为了帮助自己在公司里站稳脚跟，也为自己在大城市赢得一席之地。

最初工作的一年多时间里，张猛每天都很累。他的工资很低，只有两千多块钱。每个月除了房租和饭费之外，所剩无几，只能勉强够充值手机费的。然而，张猛做的工作却是最多的，而且很繁杂。除了上司给安排的工作之外，张猛还总是主动加班。为此，和张猛一起进入公司的新人总是笑张猛太傻了，没有报酬还要拼命工作。张猛对此总是一笑置之，他在心里暗暗想道：只要我坚持做两万报酬的工作，相信终有一天我真的会值两万的报酬。转眼之间，又是两年过去。张猛的工资涨到了八千块，是所有和他同期进入公司的新人中最高的。曾经笑话张猛傻的新人，或者跳槽了，或者还在基层。张猛依然很努力，他把工作当成自己的事业，全身心地投入，绝对不吝惜力气。又是三年过去，张猛被提升为中层管理者，负责管理销售部门。在业绩最高的时候，他甚至月薪高达五万元。对于张猛而言，月薪两万显然不再是梦想，而是成为真正的现实。

张猛之所以发展迅猛，才毕业几年就如愿以偿地实现了自己的目标，就是因为他从拿着两千多元的工资开始，就坚持努力做报酬两万元的工作。正是如此坚韧不拔和勇于付出的精神，才让张猛的职位和薪水随着张猛能力与水平的不断提升，也水涨船高，不但很快达到了张猛的预期，甚至还超过了张猛的预期。现实生活中，很多人对于自己的工作岗位和薪酬都不满意，看到这里，是否应该扪心自问：既然想得到更高的薪水，我们对于自己提出更高的要求了吗？如果你始终拿着两千多元的薪水做着两千多元的事情，或者拿着两千多元的薪水做着一千多元的事情，那么就不要再抱怨了。与其花费宝贵的时间抱怨，不如找到自己身上的原因，也学着张猛的样子，先把工作做好，再说其他的也不迟。

常言道，一分耕耘一分收获，正所谓种瓜得瓜，种豆得豆。现实的职场上，也许付出了并没有收获，但是不付出就肯定会与收获绝缘。也许种下了辛苦未必能得到回报，但是不辛苦不努力，则会毫无收获。所以朋友们，不要再因为任何事情而放弃努力。只有坚持不懈，奋发向上，我们才有可能改变命运，也才有可能获得真正的成功。记住，人生是有回程票的。当你的努力获得了丰厚的回报，很多曾经不可能的事情都会变成可能，你曾经搁浅的梦想也会找到机会实现。既然如此，我们还有什么理由不努力呢？

第05章

从此刻开始加油，一切都还来得及

在很多消极悲观的人心中，人生不管何时开始都是太晚的，因为他们心中没有信念作为支撑，他们的人生也没有目标和方向遥指未来。与这些消极悲观的人恰恰相反，很多人总觉得一切都还来得及，哪怕到了七八十岁也可以做自己喜欢的事情，这又是为什么呢？因为他们始终心怀希望，也绝不轻易放弃人生，所以他们才会这样解读人生：一切都来得及！

认识自身价值，才能发展自己

从心底深处来说，几乎每个人都盼望着能够实现自己人生的价值。不得不说，人的确要有价值，有价值的人生才能在生命的长河中留下属于自己的痕迹，也才能不因为命运多舛而轻易放弃努力。而要想实现自身的价值，我们首先要认清楚自己的价值。归根结底，命运从来不是随便安排的，换个角度而言，命运的每一个安排都有着深意。

在实现人生价值的路上，很多朋友都觉得非常迷惘，因为他们不知道自己所做的一切意义何在，他们总觉得一切事情都与自己没关系，而且自己所做的一切也都可有可无，毫无意义。还有些人虽然通过努力获得了很大的成就，但也依然觉得茫然无措。他们不清楚，自己的价值究竟体现在哪里，也因此导致自己的人生颓废和沮丧。毫无疑问，在日复一日的思考中，我们已经进入了思维的误区，根本不知道如何才能彰显自己的价值，实现自己的价值。毫无疑问，真正的价值向来与他人毫无关系，与我们是否有钱有势也没有关系。每个人的价值都是自成一体的，人们之所以无法真正认识自身的价值，就是因为被外界的很多因素困扰，诸如被自身能赚取多少钱，是否拥有权势，是否家庭幸福美满等因素影响。从本质上而言，人的价值和这些因素全都没有任何关系，我们唯有抛开这些影响我们思考的因素，才能回归价值的本质，真正认清楚自身的价值，也更从容地发展自己，实现自己的价值。

有位哲学家曾经说过，存在即合理。这句话告诉我们，一切存在都是理所当然的。诸如面对一只猫，我们无法探究这只猫为什么存在，这只猫为何不是一只狗呢！这是因为这只猫的存在本身就是它的价值所在，而且它的价值和一只狗的价值是完全不同的。我们无法用狗取代猫的存在。就像社会上每一个卑微的生命都要存在，都理所当然存在，谁也不能因为自身的高贵或者觉得自己更有价值，就否定他人的存在。遗憾的是，大多数人都陷入了价值的误区，都情不自禁地用物质的指标来衡量价值的高低，这是完全错误的。真正的价值无关乎一切，也无须拿去和任何其他的人或者事相比较。由此可见，一个人要想拥有充实的人生，实现自身的价值，首先要认识自己的价值，才能准确定位自己，客观评价和衡量自己。

一直以来，马丽都特别自卑。她的爸爸是个酒鬼，总是喝得醉醺醺的，回到家里不是和妈妈吵架，就是和妈妈打架，导致整个家里总是鸡犬不宁。所以马丽虽然学习成绩在班级里总是名列前茅，却始终没有什么自信。她是一个非常自卑的孩子，总觉得自己缺少了爸爸的保护，就像孤儿一样无依无靠。

有一次，老师推荐马丽代表学校参加作文比赛，马丽思考再三，还是选择推辞。老师不明白马丽为何要放弃这个大好机会，因而打电话给马丽妈妈说起这件事情。妈妈也觉得机会难得，当天回到家里就询问马丽关于作文比赛的事情。马丽为难地说：“我肯定不行的。”妈妈疑惑地问：“马丽，你作文写得非常好，为什么这么没有自信呢？我想知道你为什么不能认识自己的价值。”在妈妈的再三追问下，马丽才说：“我虽然作文写得很好，但是我做什么事情都没有信心。你看看吧，爸爸是这个情况，回到家里不是和你吵架就是和你打架，我有什么资格去和那些家庭幸福的孩子竞争呢？”听到马丽的话，妈妈心疼得流下泪水：“马丽，我知道爸爸是个酒鬼，你又很懂事，所以给你造成了巨大的压力。但是孩子你要知道，父母是无法选择的，哪怕妈妈现在和爸爸离婚了，带着你离开这个家，爸爸也依然是你的爸爸。我希望你能知道，你的价值不会因为爸爸是酒鬼而受到任何影响，你可以走出属于自己的人生之路。你可以发挥实力，让所有人都对你瞩目。”在妈妈的再三劝说下，马丽才同意参加作文比赛，果然，她获得了一等奖，不但给学校争了光，也让自己有了更多的成就。

对于小小年纪却又很懂事的马丽而言，的确，有一个酒鬼爸爸是让人尴尬的。虽然爸爸的一切并没有其他人知道，但是马丽在面对同学和老师的时候，依然会觉得很难堪和尴尬，也感到非常自卑。其实，如果马丽能够摆正心态，认识自身的价值，也努力实现自身的价值，那么她一定会知道她将会主宰自己的人生，而丝毫不会受到爸爸的影响。幸好妈妈及时解开了马丽的心结，才能帮助马丽从容面对人生，也勇敢无畏地在人生中努力奋进。

没有人会在人生的所有时刻都是赢家，从这个角度而言，人生也恰如赌局，没有任何赌徒能赢得人生中大大小小所有的局。所以我们要认知自己的价值，变得淡定，尽管每个人内心深处都渴望自己成为独一无二的存在，成为众人瞩目的焦点，但是没有人保证自己能够做到这一点。在这种情况下，我们更要从容淡然，所谓尽人事而听天命，尽管听起来有些消极悲观，其实却是对待人生最洒脱的态度。

站得更高，才能摆脱嫉妒的口水

作为一个不折不扣的富二代，皮特几乎是在闲言碎语里长大的。也难怪，皮特实在是太优秀了，他不但高高帅帅，而且学习上也是佼佼者，运动场上更是那个挥汗如雨的人。这样的皮特，也许会被不熟悉的人称为富二代，但是熟悉他的人都被他深深地折服，佩服他一出生就含着金汤匙，却比大多数人都更加努力和用功。

有段时间，皮特在大学里举办了个人绘画展。要知道，这对于从三岁开始学画的皮特而言，是长久以来的梦想。然而，在绘画展上，皮特听到最多的不是赞美声，而是大多数人的挖苦和讽刺：有钱真好，校长都能搞定！这样的绘画作品也没有什么可炫耀的呀，我要是三岁学画，一定比他画得更好！富二代有什么好嘚瑟的，要不是他老子给学校捐款，估计他的分数都不够进入校门的呢！皮特听到这些话只是淡然一笑，倒是他的那些好朋友都愤愤不已，为他打抱不平。皮特劝住他们："算了，他们愿意说什么就让他们说去，与其争辩，不如沉默。事实最终会证明一切。"毕业后，皮特如愿以偿地进入一家心仪的外企工作，而没有去自己的家族企业。对此，同学们又说：肯定是仗着他老子的势力，大概是去镀金的，不然怎么去接管家族企业呢！富二代就是好，上学、找工作，一条龙！总而言之，不管皮特多么努力，人们总是一味地否定他，从未给他任何积极的评价。

五年后，在同学聚会上，原本都以为皮特这个外强中干的富二代肯定早就回家接受家族企业的同学们全都大跌眼镜，原来此时的皮特已经成为外企的中层管理者，而且还利用五年的时间边工作，边取得了又一个管理学位。最重要的是，皮特还没有丢掉自己的绘画，居然在绘画上日益精进，把画展开到了纽约、巴黎。这时，再也没有人对皮特风言风语了，因为皮特已经站到了他们的唾沫星子溅不到的地方。

明明是靠着实力为自己代言，却因为有着一个富二代的头衔，导致自己不管多么努力，都无法成功地赢得他人的认可。不得不说，这是让人很委屈和窝火的一件事情。显而易见，皮特的内心很强大，他从未因为他人的误解和轻视就情绪失控，相反，他不断督促和激励自己更加努力，从而让自己以实力证明自己。人总是有这样的阴暗心理，那就是见不得他人比自己有优势，也见不得他人比自己过得更好。正是在这种心理的影响下，人们才更容易迷失自我，被妒忌心裹挟着，再也无法从容坦然地面对自己。

换一个角度来看，一个平庸者或者失败者身边，是很少有闲言碎语的，因为他们无法招致他人的妒忌，也激不起他人的阴暗心理。所以我们应该庆幸自己身边有风言风语，因为这恰恰意味着我们也许比他人略胜一筹，也稍微出色些。在这个世界上，有太多灵魂已经扭曲，无法从容接受他人的优秀和出类拔萃，我们与其与他们计较，不如调整好心情，平静地走好属于自己的人生之路。

很多朋友也许是内心的修为不够，在看到他人对自己冷言冷语、极尽挖苦嘲笑之能事时，总是对他人心生愤怒，甚至恶言恶语与他人之间展开争执。殊不知，这么做根本没有任何好处，而只会使事态恶化，使得一切都变得不可收拾。对待他人的妒忌，最好的办法就是更加努力地提升自己，让自己到达他人的闲言碎语都达不到的高度，这样一来，我们的人生也会提升到更高的层次，再也不会受到莫名其妙的干扰。

即使再难，也有人与你比肩而立

人生是很艰难的，这一点毋庸置疑。然而，艰难的人生也要一如既往地过下去，不能逃避，不能妥协，更不能有任何的畏缩不前。否则，一旦放弃了，就不是错过一次，而是错过了整个人生，更不要把轻易放弃变成人生的习惯。也许有些朋友会觉得在痛苦中度过的每一分每一秒都是煎熬，也有朋友觉得自己的苦难从来没有人能懂得，实际上这些都不是向苦难投降的最好理由，而是要坚定不移地，甚至如履薄冰地走在苦难之上，才能度过人生中最艰难的时刻，给予自己一个圆满的交代。

现实生活中，很多人都会对自己曾经遭受的苦难怨声载道，如同祥林嫂一样逢人便说。殊不知，这样的哀怨并不能争取到他人的支持，反而说得多了，他人心中的同情也就会变成厌倦，最终导致处处遭受他人的冷眼。实际上，同情从来不是求来的，我们只管去做，他人如若有心，就会对我们的遭遇感同身受，也会对我们的理解和感受表示认可。实际上，很多人之所以抱怨也是为了得到他人的认可和理解，却不知道抱怨只会使人厌烦。很多情况下哪怕我们不说，他人也能看到、感受到和深刻理解我们。既然如此，就让我们做好自己该做的。

静静认识老公阿雷的时候，阿雷是个不折不扣的穷小子，浑身上下的钱加起来也不超过二百块。当然，静静当时不知道阿雷已经到了无法养活自己的程度。然而按照静静对于爱情的执着，哪怕她知道阿雷经济实力不强，只要爱上阿雷，她也会义无反顾地和阿雷在一起。为此，在与阿雷在一起之后，静静变得非常节俭。相处一年多，静静和阿雷就回到老家结婚了。他们是奉子成婚，婚后几个月，静静就产下了儿子。

也许是因为有了家庭的责任，阿雷在工作上表现得非常好，也很勤奋努力。就这样，阿雷挣的钱越来越多，但是回家的时间也越来越晚。静静一个人任劳任怨地带着孩子住在租来的平房里，有一段时间因为过度疲劳，常常委屈地掉下泪来。阿雷是个木讷寡言的人，他很少表达自己对静静的感情和感激。有一次，在孩子两岁生日上，阿雷才动情地对静静说：“老婆，这几年你跟着我受苦了。我知道你现在买的衣服还没有上学的时候买得多，自从跟了我以后也没有一个人过得轻松。老婆，你放心，我一定会非常努力的，我会给你和孩子更好的生活。”阿雷的这几句话，让静静心中所有的委屈都烟消云散了。一直以来，她也感到疲惫不堪，也感到委屈万分，至今她才知道这一切情绪上的不平，原来都是为了得到一句理解体贴的话，只是为了让老公知道她为这个家付出了多少。

很多女人的心态都和静静一样，可以为了爱情付出很多，但是唯一希望的是老公能够知道自己的辛苦，也认可自己的付出。实际上女人并非想要得到多么丰厚的回报，而只是想让自己的付出得到他人的认可。这样的理解，对于女人而言就足够了。其实，不仅女人如此，很多男人也是这样。每个人都要知道，哪怕再艰难的时刻，也有人与自己比肩而立，对自己不离不弃，这种心理上宁静踏实的感觉，才是最可贵的。

人生之中，有太多的艰难坎坷，很多时候都需要我们咬紧牙关熬过去。然而，有的时候付出未必有收获，这也是人生的常态，即使没有收获，只要得到他人的尊重、理解和认可，我们也会觉得万分庆幸，甚至所有的委屈都会烟消云散，因为我们会认定自己的一切付出都是值得的。越是这样，我们越是能够承受。所谓的安全感，并非是他人为我们准备好一切，而是他人知道我们所有的付出和承受的苦难，也一直坚定不移地站在我们的身边，理解我们的喜怒哀乐。这样的人生，才是最好的人生，也才是最值得骄傲的人生。

坚持努力，才能拥有自己想要的生活

人生之中，很多人非常努力，甚至不遗余力，但是并没有如愿以偿地得到自己想要的结果。为此他们就怨声载道，抱怨命运唯独对他们不公平，也抱怨所有的不如意都是命运在刻薄他们。其实不然。从本质上而言，命运原本就是无常的，所以所有的挫折和坎坷并非命运刻意针对谁，而挥之不去的噩运，也并非命运多舛，而是每个人都必然要经历的。正如人们常说的，机会总是留给有准备的人。从这个角度而言，也并非命运多舛，也有可能是因为我们自身努力不够，没有坚持做好准备，所以才会在机会到来时无法抓住，只能眼睁睁地看着机会从自己的眼前悄然溜走。

有的时候，命运的确会把人逼得无法喘息，甚至仿佛来到了绝路。实际上，天无绝人之路，哪怕到了山穷水尽疑无路时，也有可能柳暗花明又一村，重点在于我们不能轻易放弃，更不能在没有获得最终的结果时就宣判自己的死刑。很多朋友都喜欢看好莱坞大片，也就会知道那些影片中的主角无一不是经历了九九八十一难，哪怕再难也决不放弃，最终才获得成功。的确，通往成功没有捷径，除了天生的富二代、官二代起点比大多数普通人更高之外，每个人都站在相似的起点上，准备人生扬帆启航。即便是富二代、官二代有着更高的起点，也必然会有更高的目标和更远大的梦想。所以我们无须羡慕他人，而只要站在自己的起跑线上坚持努力，就会获得属于自己的成功，也才能拥有自己想要的生活。

记住，人生中出现的坎坷和挫折都不是命运刻意为你安排的。只要你努力，总能够渡过困境，让自己的人生别有洞天。人生之中，哪怕此刻的今天再怎么艰难，我们也要努力奔向明天。这个世界上只有回不去的昨天，从未有到不了的明天。很多老人总结人生经验时都只有一个字，那就是熬。其实这个字看似简单，却恰恰洞彻了人生的真谛。人生不如意十之八九，不如意尚且还好，即便是灾难，我们也要熬过去，才能迎来人生中崭新的一天。

1981年，桑兰出生在浙江宁波，12岁那年，她进入国家体操队，经过四年的训练，就在全国跳马比赛上获得冠军。17岁，正是人生最美好的青春花季，桑兰去美国参加第四届友好运动会。在进行赛前热身的时候，她突发意外，导致颈椎骨粉碎性骨折，胸部以下高位截瘫。可想而知，这对于一个如花似玉的青春少女而言意味着什么，转眼之间，桑兰从一个青春的女孩变成了重度残疾者，曾经被誉为“跳马王”的她从此与运动无缘，只能在轮椅上度过余生。

当初，美国国家队助理教练恰巧在一旁目睹了桑兰受伤的整个过程，甚至近处的人还听到了桑兰头部着地时颈椎发出的折断声音。在场的人马上对桑兰进行了紧急救治，并且第一时间把桑兰送往纳苏医疗中心。从受伤到接受放射科检查，之间经过了大概十二分钟的时间。受伤当晚，友好运动会组委会就要求中国代表团马上邀请桑兰的父母赶赴美国，从而帮助桑兰面对严重的伤情，也帮助桑兰尽快恢复身体健康。很快，祖国就得到桑兰受伤的消息，马上做出了及时的回应和应对措施。桑兰在经过治疗之后，颈椎错位部分得以复位，她的神智也变得清醒，上肢恢复活动能力，但是下肢却如同医生所预言的那样毫无知觉，很有可能会瘫痪。

桑兰醒来的第一句话就问："我什么时候才能练？"对于才17岁的桑兰，无人不表示出钦佩之心。她是那么勇敢无畏，也是那么坚强不屈。受伤之后重新出现在公众的视野里，桑兰始终保持着微笑，而没有哭天抢地，更没有表现出沮丧和绝望。在美国经历了十个月的治疗之后，桑兰回到中国继续接受康复治疗，她鼓起勇气，把人生目标从为祖国争得冠军转为能够实现自理。尽管康复的过程艰难而又痛苦，但是桑兰从未抱怨过，而是一直咬紧牙关坚持下去。很快，她能够自理了，也再次走入校园开始学习，还考入了大学学习。如今的桑兰在2008年曾经担任奥运形象大使，还成为奥运火炬手，依然从事着和她所热爱的体育相关的职业。后来，桑兰的坚强勇敢打动了她的经纪人黄健，她与黄健携手走入婚姻的殿堂，他们的儿子也在前几年顺利出生。不得不说，桑兰虽然遭遇了意外，但是她的人生并没有因为厄运的打击戛然而止。她拥有正常的生活，也拥有自己的事业，还有了自己幸福的三口之家，让每一个知道她事迹的人都对她刮目相看。

桑兰在遭受致命的打击之后之所以有今天，与她的坚强乐观是分不开的。别说是一个花季的少女，就算是一个成年人，只怕也难以承受这样突如其来的灾难。但是桑兰做到了，虽然她下半生都要与轮椅为伴，但是她却勇敢地站了起来，傲然面对人生，战胜厄运。如今的桑兰俨然是人生赢家，拥有正常人该有的一切，也拥有了自己幸福的三口之家。面对人生的苦难，唯有放下怨恨，拥抱苦难，才能真正从苦难中走出来。而桑兰，之所以拥有这一切，还因为她不懈地努力，哪怕活着再艰难，也决不放弃。

人生之中，每个人都是贪婪的，都想要奢求更多。为了满足自己的心愿，我们唯一能做的就是敞开心扉，拥抱人生的种种，也不遗余力地付出，这样才能如愿以偿赢得自己想要的生活。越是在艰难的时候，我们越是要努力付出，唯有坚持下来不放弃，才能让一切都步入正轨，循着我们所期望的方向向前发展。

与其浪费时间解释，不如让事实为自己代言

人是群体动物，人与人相处的时候难免会由于各种各样的原因导致纠纷和争执，也会因为意见和观点的不统一，使得事情朝着完全相反的方向发展。实际上，在面对误解时，与其委屈地争辩，不如让事实为自己代言，因为争辩很可能因为情绪激动导致事情陷入恶化，而让事实不辩自明，只是需要时间而已。

每个人都是这个世界上独一无二的存在，每个人都有自己的意见和观点，也有自己的鲜明态度。现实生活中，我们有些时候难免需要说服他人，但是实际上，我们很难说服他人，尤其是不能强迫他人必须接受我们的意见或者观点。众所周知，说服他人必须动之以理，晓之以情，而不要蛮横地强迫他人。当无法做到真正说服他人，我们也可以给予他人自主选择的空间，让他人为自己的决定负责。这就像是父母教育孩子，虽然父母完全是为了孩子好，才制止孩子做很多事情，但是如果父母总是一味地为孩子代劳做决定，强迫孩子必须完全按照他们的要求去做，那么孩子是无法真正被驯服的。明智的父母在保证孩子安全的情况下，会让孩子自己决定，努力尝试，从而让孩子更好地为人生负责。哪怕孩子因为决策不明智而受到小小的伤害，他们也会因为意识到事实就是父母的建议是对的，而更加信服父母，这远远比父母一味地、口干舌燥地去说效果更好。任何人都不可能替代他人走

过人生。哪怕是对孩子无私爱着的父母，也无法全权为孩子代劳。很多事情，不经历无以成经验，唯有理智地放手，让当事人自己去尝试，才是用事实为自己代言，也是用事实更好地说服当事人。这样一来，孩子自然会对父母更信任，也更愿意采纳父母的意见。

对于生活中的流言蜚语，我们同样可以采取这样的态度。所谓清者自清，其实就是给予自己一定的时间，让事实证明自己的清白。当然，很多人内心修为不够，一旦受到误解或者委屈，马上就会反唇相讥，也导致事情变得更恶化。实际上，面对一个内心淡然、不为所动的人，流言蜚语的力量着实有限。而只有在当事人不够淡定的情况下，流言蜚语才会发挥出强大的效果。所以朋友们，不要再因为他人的误解而使自己慌乱不安，唯有更加从容洒脱，我们才能让流言蜚语消散于无形，也才能让一切都回归到正轨。

小敏毕业的大学并没有名气，所以毕业之后，爸爸妈妈托关系找了熟人，才把小敏推荐进入现在这家规模很大的公司工作。然而，世界上没有不透风的墙，小敏进入公司就听到了风言风语，说她是关系户。对此，小敏毫不辩解。小敏很清楚，自己的确是凭关系才进入公司的，而她接下来要做的事情就是非常努力，发挥自己的实力，在公司里站稳脚跟。小敏一直坚信学历并不代表什么，但是这块敲门砖的确也使她很为难。为此，小敏接下来要做的就是发挥实力和水平，让那些散播流言蜚语者全都闭嘴。所以，哪怕同事把难听的话说到小敏脸上，小敏也能忍住，绝不动怒，更不发脾气。

一年多过去了，小敏负责的很多项目比那些名牌大学生负责的项目完成得更出色。渐渐地，大家都忘记了小敏是凭着关系进入公司的，而是对小敏的实力竖起了大拇指。很多新人都心甘情愿拜小敏为师傅，就连上司也被小敏拼命三郎的精神所折服，对小敏高看一眼。就这样，小敏在进入公司第三年就得到晋升，成为重大项目的负责人。每当那些名牌大学毕业的人对此颇有微词时，上司总是不置可否地说："如果你的项目做得和小敏一样漂亮，我也提拔你！但是，你必须拿出成绩来给我看！"这样说完，那些名牌大学的毕业生就全都不言语了。毕竟职场上拼的是真刀真枪，不是面试时随便拿个文凭就能糊弄人的。

小敏虽然毕业的大学不是名校，但是她的实力和情商都很高。因为情商高，她知道自己的确是凭着关系进来的，所以不能与那些对她风言风语的人一般见识，否则就是自找难堪。因为实力强，她有信心给自己时间，让自己凭借实力和能力证明自己，也让那些对自己颇有微词的人闭嘴。最终，小敏的确做到了，也如愿以偿得到晋升，不再被他人的唾沫星子溅来溅去。从始至终，小敏都没有解释什么，但是她却用事实为自己代言，不但为自己赢得了一席之地，而且帮助自己在职场站稳了脚跟，这是比任何学历文凭和辩解都更有效的。

人生有太多的误会需要解除，而对于那些无关紧要的误会或者是那些哪怕辩解也说不清楚反而会越抹越黑的误会，我们与其白白浪费唇舌解释，不如保持沉默，努力去做，让事实为自己代言，也让事实成为自己最好的辩解。记住，当你解释一次的时候，也许别人还能静下心来去听，但是随着你解释的次数越来越多，他人只会对你不耐烦，甚至还会对你产生怀疑，觉得你是因为心虚才不停地解释。所以与其花费时间去解释，不如保持沉默，有的时候沉默比解释更能够帮助你得到他人的尊重。当你的一百句解释都成为毫无用处的废话时，不如拿出自己的成果和成就，这样他人自然会对你肃然起敬。所以明智的人不会浪费时间在解释上，而会争分夺秒做出自己的成就，让他人对自己佩服得五体投地。

保持正能量，人生永远积极向上

现代社会讲究正能量，每个人都渴望自己充满积极向上的正能量，也希望与拥有正能量的人接触，从而让自己的人生也变得奋发昂扬。然而，正能量并非与生俱来的，而是自己在后天中不断地修炼才得到的。拥有正能量的人即使面对失败，也绝不轻言放弃，总是能够从失败中汲取经验和教训，从而让自己的人生更加奋发。同样的失败如果发生在拥有负能量的人身上，则会使他们萎靡不振，甚至根本无法从容面对。所以人们总是情不自禁地倾向于与拥有正能量的人交往，加入正能量的圈子，而不愿意与负能量的人靠近。因为能量是可以相互传递的，与正能量的人在一起，我们自身也会变得充满正能量。而与负能量的人在一起，他们的消极悲观无形中就会影响我们，导致我们也变得信心全无。尤其是在职场上，作为管理者，更不希望自己的团队里有充满负能量的人。相反，每一个管理者都希望自己的团队里有充满正能量的人，让自己的团队也保持昂扬的姿态，充满斗志，充满力量。

当一个人充满正能量时，他们的身上还会散发出具有超强力量的磁场。他们总是从容淡定，不急不躁，也能够把正向的磁场辐射到他人，从而使得他人也感受到积极的力量。这样的人具有无形的魅力，总是能够征服身边的人，不管走到哪里，都会成为众人瞩目的中心和焦点。这是因为人有趋光性，就像飞蛾扑火一样，人也愿意奔向光明的所在。所谓的正能量和正向的磁场，恰恰就是看不到的光，能够给他人的心中带来希望和光明。现代社会，人际关系被提升到前所未有的高度，正能量的人身边簇拥着更多的朋友，也拥有更加丰富的人脉，这也是他们无形且非常重要的资产。所以正能量的人在现代社会才会如此大受欢迎，也才能把人生和事业都经营得风生水起。

现实生活中，很多人都有一种感受。即原本对于某件事情很有信心，一经负能量的人渲染，马上就会觉得心灰意冷。举个简单的例子，在职场上原本就很艰难，一个人原本是可以继续坚持下去成就事业的，但是因为身边有负能量的人，在负能量的人渲染下，他们会渐渐地觉得信心全无，也不愿意继续奋斗了。这样一来，他们的工作就会出现分水岭，从前期的斗志昂扬到后期的沮丧绝望，结果当然也是全然不同的。不得不说，负能量对人的影响力是很大的。为了坚强乐观地面对生活，如果不是意志力特别坚定的人，最好远离负能量之源，也避免自己因为失败而万分沮丧。

古今中外，大多数成功的人并非是天赋异禀，也不是有什么独特的过人的能力，而只是因为他们的能量场很强大，而且他们意念坚定，很少因为他人的影响而改变自己。为了磨炼自己的意志，在遇到艰难的事情时，我们每个人都要坚定信念，绝不动摇，从而集中所有的精力做好自己想做的事情。从心理学的角度而言，人是很难三心二意的，更不能一心二用。在人生之中，要想成功，我们必须树立目标，坚定理想，从而怀着简单执着的念头，集中所有的精神和意志力，这样反而更能成功。心神涣散的人非但与成功无缘，而且还会因为意念涣散，导致人生遭遇各种困境。要想恢复能量，最重要的就是心静养身，从而集中意念，集中意志力，让自己所有的精神都关注于一个点。

古人云，道不同不相为谋。不得不说，志同道合的人能量场才能相容，彼此也能齐心协力，最大限度地相互帮助和扶持，合力完成心愿和梦想。而指向不同的人能量场必然也不能很好地相容，这就像是在走路一样，一个人要往东，一个人偏偏往西，那么不管他们怎么努力，最终也是无法走到一起去的，这样在无形中自然消减了能量场的力量。所以在与朋友相处的时候，人们总是情不自禁地想与志同道合的人在一起合作、相伴，从而相辅相成，事半功倍。而且，相似的能量之间也有相互吸引的作用。因而人们常说，物以类聚，人以群分。

从身心合一的角度而言，人的能量场会被过多的欲望分散。所以要想集中意念做好某些事情，我们就要学会合理控制自己的欲望，不要把能量场分散掉，导致能量急剧减弱。这也正符合现代社会很多人提倡的极简生活。毋庸置疑，欲望就像是人生的深渊，一旦陷入欲望之中无法自拔，人就会心神涣散，从而导致不管做什么事情都不能成功。大多数成功者或者有特殊成就者，意念力都是很强的。意念力通过人的意识进行发射，也可以影响和控制他人的思想，改变事物的发展方向。 由此可见，意念力的力量是非常强大的。而每一个普通而又平凡的人，要想自身拥有不凡的人生，就要增强意念力，让自己变得强大起来。

所以朋友们，从现在开始就拥有正能量吧。以正能量让自己成为整个宇宙的中心，你自然会得到更多志同道合的朋友，也会吸引更多的正能量，从而形成强大的正能量气场。相信，当你整个人都被正能量的气场包围，而且充满正能量时，你的人生也会变得与众不同！

要相信，你可以微笑面对一切

在大多数人心中，唯有充满自信的人才会散发出微笑，从容地面对一切。的确，微笑具有强大的力量，也是绽放自人心底的花朵，能够让人由内而外散发出魅力。然而，命运多舛，很少有人的人生是一帆风顺的，正所谓人生不如意十之八九，这也恰恰意味着人生不可能总是顺心顺意。在这种情况下，我们还能从容微笑吗？其实，我们完全进入了微笑的误区，总觉得微笑是胸有成竹的人才有资格展示出来的神情，实际上，哪怕人生之中充满了坎坷和挫折，我们也应该微笑着面对人生。有位名人说得好，既然哭着也是一天，笑着也是一天，那么我们为何不笑着度过人生中的每一天呢？这句话说得很有道理，因为我们虽然决定不了命运，却可以决定自身面对命运的态度。既然如此，我们就要微笑着面对一切，也给予人生更美好的未来。

很多人一旦遇到小小的障碍，就感到万分沮丧，再也不能微笑着面对一切。其实，锦上添花固然好，但雪中送炭更为可贵。越是面对人生的艰难坎坷，越是要微笑相对，这样才能鼓起信心和勇气，勇敢地面对人生。细心的朋友们会发现，有的时候哪怕假装微笑，我们的心情也会变得好起来。所以微笑着面对一切，也是微笑着面对我们的内心，也能够让我们的人生阳光灿烂起来。

哪怕遭遇人生中小小的不幸，我们也要振作起来，从而振奋精神，绝不向命运屈服。很多朋友都情不自禁地春风得意马蹄疾，殊不知，春风得意的日子尽管有，却很少，我们要做的就是擦干眼泪，勇敢地迎着人生中的艰难困苦走过去，超越困境，走到人生的坦途之中。很多朋友总是抱怨命运不公，还有些朋友羡慕那些成功者得到命运的青睐，不管做什么事情都一帆风顺。其实别人并非我们想象中那么顺遂如意，而只是因为他们在艰难的时刻选择咬紧牙关，所以他们才能超越困境，来到人生的别有洞天，也尽情享受人生的从容潇洒。记住，这个世界上从来没有一蹴而就的成功，更不会有天上掉馅饼的好事，与其浪费宝贵的时间抱怨命运，我们不如把抱怨的时间用来努力奋斗，也许还能如愿以偿地改变和主宰命运呢！有人说，爱笑的女孩运气总不会太差，我们要说，微笑着面对人生的朋友运气也不至于太差。只要始终微笑着面对生活，那么一切都会如我们所愿，即使失败了，也没关系，大不了从头再来。最重要的是，我们面对生活积极乐观的态度不能改变，微笑的姿态不能改变。

第 06 章

任何的成功，都与安逸保持着距离

古人云，“生于忧患，死于安乐”。任何的成功，都不是空想而来的，更不是唾手可得的。唯有坚持不懈地努力，远离安逸，始终为了实现梦想和理想而奋斗，我们才有可能获得成功。然而，成功从来不是平白无故得来的，更不会一蹴而就，唯有经过长久的努力，我们才能距离成功越来越近。

有时，执着是人生的囚牢

人生不是数学题，没有那么精确和天衣无缝，如果非要把人生和数学扯上点儿什么关系，那么只能说人生是模糊数学。提起模糊数学的概念，相信很多朋友都不熟悉，甚至会惊呼：数学不就是要精确到分毫的么，怎么还模糊上了呢？那么你一定知道数学中有四舍五入，有约等于号。渐渐地，你就会接受模糊数学的概念，也知道人生中的很多事情绝不可以用一加一等于二来进行归纳和总结，而是可以不那么执拗，适当地放松自己，也放松心情，让整个人生的姿态都变得更轻松淡然。

众所周知，要想获得成功，执着和坚定不移的信念是必不可少的。然而，执着虽然能够帮助人们获得成功，但也会使人变得过于偏执，最终剑走偏锋，导致失败。其实现代社会各个方面都处于微妙的且无时无刻的变化之中，人生也是如此。尤其是在面对很多事情的时候，我们必须更加注重审时度势，也要做到顺应形势，这样才能挣脱执着的心念束缚，让我们的人生变得更加从容洒脱。很多时候，不得不说，执着是人生的囚牢，人们要想摆脱自身的束缚，就不要在不合时宜的时候执着，这样也可以让自己释怀，从容面对人生。

作为电信行业的老技术员，李林最近非常困惑，因为他觉得电信行业整体都在没落，包括那些行业内的大公司都越来越不景气了。所以他既想转型，但是又除了电信技术以外对什么都一窍不通，一时之间有些进退两难，举步维艰。其实，这样的情况在现代职场上并不少见，因为时代发展如此之快，很多行业可能红极一时，也可能迅速没落，而要想让自己始终立于不败之地，就要不断地提升自己，从而让自己适时改变，也寻找到更好的出路。

然而，李林虽然很困惑，也心神不宁，但是他最大的作为就是焦虑，而丝毫没有想出好的办法来解决问题。他那么迷惘，却不知道人生的出路在何方。他既放不下这份已经做熟了的工作，也无法下定决心抛开这一切，从头开始。最终，李林犹豫了好几年的时间，依然没有作出选择，但是电信行业却彻底没落了，李林也最终从旱涝保收变得朝不保夕，不得不硬着头皮开始接触和介入新的行业。

人生最宝贵的青春时光转瞬即逝，对于人生，我们既要谨慎思考，也要坚决果断，这样才不会错失很多的好机会，也能督促和鞭策自己抓住千载难逢的好机会。尤其是现代社会的职场，很多人都陷入发展的瓶颈之中无法自拔，上也上不去，下也下不来，而且前有狼后有虎，手中却连寸铁也没有。难道就在这样的犹豫不决中坐以待毙吗？常言道，天无绝人之路，其实哪怕身处困境，一时之间很难有大的作为，我们也是可以选择积极面对人生的。

首先，我们可以确立人生的大方向和长远目标，在方向和目标的指引下，我们才能由浅入深地完成问题，也才能以点带面，坚持解决问题。例如对于一个在大企业里工作的员工而言，与其浪费宝贵的时间看娱乐新闻，不如花费更多的精力提升自己的各项技能，让自己顺应形势的发展，也成就更优秀和卓越的自己。其次，在感到人生陷入困惑之中时，不如多和身边的朋友聊聊天。所谓三个臭皮匠，抵过诸葛亮，多与朋友聊天不但能听到很多独具匠心的好主意，也能够开拓我们的思路，打开我们的视野，从而让我们全方位思考问题，圆满解决问题。最后，不管我们到底做了多少事情，也不管我们未来能做什么事情，最重要的都是把眼下的事情做好。就像小学生解答应用题一样，哪怕不能把整道题目都圆满解答出来，也可以把能做的步骤都写出来，这样至少有了思考和实际行动的过程。也许在一步一步艰难摸索着前行的过程中，我们还会脑中灵光一闪，顺其自然地就想到了解决的办法。这样一来，就不用耽误任何时间，而让事情始终处于不断向前推进的过程中，让解决问题变得卓有成效，效率倍增。

人生总是这样，假如你不遗余力地奔向一个目标，而且想尽各种办法要完成目标。那么命运最终会把你带到人生的目的地，让你到达人生的彼岸，也顺利实现人生的目标。很多时候，也许你到达目的地后才发现一切和你最初设想的根本不同，但是你总算到达了目的地，也实现了自己的人生志向。所以朋友们，勇敢地去尝试吧，通往成功的第一步永远是切实的行动，而不是璀璨华丽的空想。

死于安乐，会是最好的归宿吗

古人云，生于忧患，死于安乐，这会是最好的归宿吗？其实对于那些毕生最大的愿望就是“岁月静好”的人而言，死于安乐也许是很好的归宿，但却不是人生最好的结局。这是因为整个时代都在突飞猛进地发展，而人生则如逆水行舟，不进则退，唯有始终保持进步的姿态，才能与时俱进，实现人生的价值。

明智的朋友，宁愿生于忧患，也不愿意死于安乐。虽然人的本能就是趋利避害，人人也都想要获得更美好的生活，但是实际上安逸的生活如同温水煮青蛙，让人不知不觉间被麻痹，再也不能抖擞精神斗志昂扬地面对人生。举个简单的例子，安乐之中的人生就如同老鼠进了米缸中，原本兴冲冲的，因为米缸里的大米多得吃也吃不完。然而随着时间的流逝，米缸里的大米越来越少，老鼠最终进到米缸的底部，没有米吃，也跳不出米缸，从而只能死在米缸里。不得不说，虽然老鼠已经膘肥体壮，却死而不得其所。

现实生活中，很多人也如同米缸里的老鼠一样，每天无忧无虑地吃吃喝喝，也不为未来忧愁，看似生活过得逍遥自在，却在危机到来的时候无法面对，导致措手不及。与其如此手足无措，不如未雨绸缪，在危机还未到来的时候，就先发制人，提升自我，从而才能成为有准备的人，抓住随时到来的机会。其实，细心的朋友们会发现，当一艘船要沉没的时候，乘客们一定不敢率先跳下水，而只会安静地等到最后一刻，在看到船员们跳下去之后，他们才能鼓起勇气逃生。这是人的惰性在作怪，人们总是害怕改变，也总是畏惧改变，却不知道改变恰恰是新的生机，也能给我们的未来赢得更多的机遇和生存的可能。

一直以来，艾琳都知道自己不可能在销售行业里做下去，尤其是售楼小姐这个职位，更是吃青春饭的，一旦人老珠黄，根本竞争不过那些年轻漂亮的小女生。为此，当大多数同事还在为每个月轻轻松松就赚得盆满钵满而感到高兴时，艾琳已经有了深刻的危机意识，她决定利用业余时间提升自己，从而为奋战职场做准备。

艾琳先给自己报名参加了电脑培训班。上大学的时候，艾琳就不喜欢上电脑课，因而对于电脑几乎一窍不通，还是等到大学毕业开始工作了，才学会了简单的电脑操作。然而，哪怕是去应聘当个普通的文员，也要熟悉电脑吧。为此，艾琳决定先从恶补电脑下手。当然，很多办公软件的应用都很简单，因而只经过三个月的简单培训，艾琳对于电脑的熟练程度就大幅提升。学完电脑之后，艾琳又参加了英语培训班，学习英语口语、商务英语。艾琳觉得自己也许有一天会接待外宾，那么学好英语就是完全有必要的。就这样，在长达两三年的时间里，艾琳白天工作，努力挣钱，晚上就去参加各种培训。等到三十五岁时，艾琳果不其然迎来了公司的大换血。很多和艾琳一般年纪的售楼小姐都被换掉了，而艾琳此时因为销售业绩始终保持优秀，已经成为公司的中层管理者。尤其是当看到艾琳以一口流利的英语接待外国的购房客户时，连老总都对艾琳竖起了大拇指。

和那些死在米缸里的同事相比，艾琳之所以能够逃脱这个厄运，就是因为她义无反顾，未雨绸缪，成功地提升了自己，让自己站到了更高的起点上。常言道，人无远虑，必有近忧。艾琳正因为思虑周全，考虑好自己未来的发展，而且做足了准备，所以才解除了近忧，也成功地让自己的人生实现了腾飞。

毫无疑问，现代职场上的竞争是非常激烈的。任何情况下，要想出类拔萃，一个人只从名牌大学毕业还远远不够，还要在职场上奋力拼搏，穷尽一生都保持学习的姿态，所谓活到老学到老，在现代职场的确是真实的写照。因而明智的朋友们如果不想死在米缸里，一定要相信自己的判断，在预见到米缸会没有米的时候，就要勇敢地从米缸里跳出来，从而趁着最后的机会赢得生机。有很多职场达人哪怕职位已经很高了，也会毫不犹豫地选择跳槽，给自己机会充电，让自己始终保持进步的态势。对于不同的人而言，困住自己的米缸也是不同的，唯有未雨绸缪，把一切都想在前面，才能抢占先机，让自己从容不迫地面对生活中的各种变故。

专注力，是成功的品质之一

作为现代人，假如现在有人问你最想具备的品质是什么，你会如何回答呢？坚忍不拔还是淡定从容、波澜不惊，也许都不是。这些品质虽然与生活密切相关，但都不是必不可少的。实际上，对于这个问题，很多人给出的答案都是惊愕，甚至根本不知道如何回答，也或者他们连想都没想过这个问题。而那些有一定成就的人，给出的回答大多数都是“专注”。的确，专注是一种非常重要的能力，在很久以前专注力普通得不值一提，但是如今，尤其是在浮躁喧哗的现代社会，专注力突然成为了一项最可贵的品质，也是人们做成某件事情必不可少的品质。这都是因为在现代社会，专注力在很长时间内都处于缺失的状态，不仅成人社会变得越来越浮躁，甚至很多孩子也变得失去耐心，无法淡然地做好某一件事情。

不得不说，专注力的缺失和整个时代也有密不可分的关系，因为时代发展的速度越来越快，很多信息都处于快速的流转和流通过程中。因而人心也变得日渐浮躁，甚至充满了欲望，也因为欲望迷失了自己的初心。实际上，如今在很多西方国家，那些传统的东西非但没有失传，反而凸显出极高的价值。诸如西服作为舶来品，在中国已经泛滥成灾，但是在西方国家，真正好的西服都是手工制作的，都是一针一线缝制出来的，绝不雷同，更不会像现代工业社会中的很多产品一样大批量复制。这才是真正的经典，而这些手艺人之所以备受尊重，也正是因为他们非常专注，数十年如一日地专注于某一项技能，也数十年如一日地不断精研某一项技能。

现代职场，人们更加注重专注力，也知道专注力是成功的品质之一。所以在考核人的基本素质时，也会把专注力作为一项重要的考核内容。作为现代职场人士，也要注意培养自己的专注力，从而让自己更具备竞争的素质，从而提升自己的竞争力。

俱乐部里，围棋比赛正在紧张地进行着。教练突然发现有个男孩整个上午都站在棋盘旁边，目不转睛地盯着棋盘看。教练知道，这个孩子完全入了迷，已经沉浸在棋盘的世界里了。围棋比赛进行到第二天，男孩又来了，依然目不转睛地观战，教练不由得怦然心动：这可是个练习围棋的好苗子，才小小年纪就对围棋如此专注，长大了一定不得了。就这样，教练把年仅六岁的常昊吸纳进入围棋队了。经过教练三年的悉心教导，常昊成功荣获全国“棋童杯”赛冠军。有一次参加国际比赛，常昊居然在让了四子的情况下，成功战胜日本的棋圣。常昊之所以进步神速，与教练的悉心栽培是分不开的，也与他的专注力和稳定性是密不可分的。

有一次，数学家陈景润走在路上，不知不觉开始思考一个问题。他思考得实在太入神了，因而没有留意到自己走错了路，后来还因为不小心撞到了树干上。他才从思考中惊醒，以为撞到了别人，因而来不及抬头就一连声地说：“对不起，对不起！”等到抬起头来，他不由得哑然失笑，原来他撞到了大树爷爷。

常昊之所以能够在围棋上取得这么大的成就，与他的专注力是完全分不开的。众所周知，围棋是需要凝神思考的，如果缺乏专注力，哪怕在围棋方面再有天赋，也很难有成就。同样的道理，陈景润之所以能成为大数学家，就是因为他很专注，哪怕走路也在全神贯注地思考问题。由此可见，专注是获得成功必不可少的品质之一，也是人生中最优秀的品质。

现代社会，之所以专注的品质越来越吸引人，就是因为整个社会都日渐浮躁，而且也失去了坚持的品质。不得不说，现代社会的诱惑越来越多，所以人的欲望也越来越多。当我们选择坚持，我们就能把一件简单的事情做到极致。举个最简单的例子而言，我们不但要在茶壶里煮饺子，还要能把饺子倒出来。我们不但要是图书编辑，还要懂得图书营销。我们不但要是学者，还要能够把自己的学识侃侃而谈出来，或者教授给学生。我们不但要会在淘宝开店，还要深谙消费者心理，这样才能成功地进行网络营销……总而言之，人人都要是多面手，才能适应这个浮躁的时代的要求，但是人人也都要术业有专攻，才能拥有自身的核心竞争力，从而让自己变得不可取代。总而言之，没有人愿意成为备胎，也没有人愿意成为替代品，更没有人愿意随时随地被他人颐指气使。这样一来，就注定了我们要提早努力，从而才能把一切都做到极致，做到最高的水平和境界。

方向对了，努力才能事半功倍

大学毕业后，因为英语的优势，马波进入了大使馆工作。自从工作以来，马波一直都很顺利，也从未遭遇任何瓶颈。然而，一直到工作的第六个年头，主要负责留学工作的马波突然发现工作上陷入困境，无论怎么努力，都无法继续保持留学生的人数增长。马波百思不得其解，已经成为负责人的他马上带领自己的团队开始寻找原因。然而，哪怕他们拓展了新渠道，也更加用心地维护旧有的渠道，问题却仍没有得到解决，甚至问题根本没有浮出水面。

到底是什么原因导致各种渠道一夜之间全都失效呢？尽管马波带领团队对所有可能出现问题的地方都进行了筛查，但是却几乎没有效果。为了解决问题，有的同事开始调查留学论坛的各种数据，发现居然连曾经人气最高、讨论最热烈的留学论坛，也变得人气萧索了。难道年轻人不是最喜欢从互联网获取信息了吗？直到最后，马波也没有找到问题的根源所在。直到有一天，马波离开大使馆，换了一份与互联网相关的工作，这才恍然大悟。原来，新一代的年轻人获取知识的方式已经改变了，所以他们不再关注大的网络平台以及各种官网，而是随着搜索引擎和个性化推荐的飞速发展，能够更方便快捷地获取更精确到位的资源。这样一来，他们就能看到很多个性化的信息，而完全无须再去大海捞针般地寻找对自己有用的信息。马波这才知道，原来他们曾经所做的一切努力都没有掌握正确的方向，所以才会导致效率低下，也导致努力始终得不到回报。

从马波的经历上我们不难看出，如果方向错了，即便再怎么努力，也只会导致南辕北辙。尤其是在现代社会，时代发展很快，我们也必须与时俱进，才能保证自己不被时代的洪流甩下，也才能更从容地应对一切突如其来的变化。现代社会要想事半功倍，每个人就要以更快的速度提升和完善自我，从而才能让自己做的事情达到预期的效果，也效率倍增。尤其是对于很多做网站的人而言，如今搜索引擎的效果如此强大，一个网站就算能量再大，也不可能与谷歌或者百度抗衡。既然如此，与其花费大量的时间和金钱优化网站，不如想办法优化搜索引擎，也许效果会更好。

如今，很多公司对于网络不够重视，在推广和宣传的时候还是倾向于实际的行动。其实，和四处奔波耗费巨大的人力和物力相比，在网络上进行推广不但效果更好，辐射面更广，而且也能节约很多成本。当然，这并非让企业取消实际的推广和宣传，而只是提醒每一个做企业的人既要照顾到不善于运用网络的群体，也要两条腿走路，多花费些心思做好网络上的推广和营销。这样一来，双管齐下，效果自然更好，也能够为企业获取更多的利益，赚取更多的利润。

很多时候，人们思考问题总是不知不觉被局限在某个视角中。正是这样的墨守成规，使得人们解决问题效率低下，思维局限，也往往无法获得圆满的结果。要想真正转变，我们就要调整思路，发散思维，从而也转变视角。一直以来，人们一旦遇到问题，就会反思自己是否足够优秀，能力是否不够。实际上，一味地努力并不能有效地解决问题，对于很多问题而言，找准方向是比埋头苦干更重要的。

就像书籍一样。自从纸和印刷术问世，书籍就代代传承，然而时代发展至今，不管你对书籍多么忠心耿耿，你早晚有一天会不得不接受电子书或者是各种电子文档。哪怕你厌烦冷冰冰的电子文字，整个环境也会逼迫你不得不做出改变。试着想一想，你已经有多长时间没有去超市购物了？京东、天猫和苏宁易购、我买网、一号店等，你更习惯于用哪个网站购物？当你用手机即时约来滴滴车时，你不由得感慨生活的便利，当你再也不用因为担心去超市购物找钱的麻烦时，你感叹着到底是多么聪明的人发明了电子钱包。几年前，人们还在说以后也许出门只需要带一个手机，就能满足所有的消费等需求，如今这个梦想就已经变成了现实，而且给人们的生活带来了极大的便利。不得不说，时代的发展是日新月异的，也是分秒必争的。

朋友们，不要再抵触未来，也不要抗拒和排斥那些新生事物。未来已来，我们唯有更好地拥抱未来，接纳未来的种种改变，才能顺应形势发展，从而活出属于自己的精彩，也成就属于自己与众不同的人生。

小确幸，让我们对生活更满足

在那本极致轻松的书《兰格汉斯岛的午后》问世后，很多人看完这本书就忘记了其中的内容，但是却牢牢记住了这本书中的一个词语，那就是——小确幸。到底何为小确幸呢？小确幸又究竟有怎样的魔力，能够风靡亚洲，并且得到数不清的年轻人的追捧呢？仅从字面意思来理解，小确幸就是“微小而又真实确切的幸福”。具体地来说，在大汗淋漓之后喝一杯冰镇的雪碧，在心情烦躁的时候和好友一起享受麻辣小龙虾配冰镇啤酒的畅快和惬意，在担心一件事情很久之后突然发现事情的发展完全符合自己的预期，在书店里偶然遇到自己一直想买的书，在温暖的午后慵懒的阳光的照射下和闺蜜共喝下午茶……这些，都是人生中小小的甚至微不足道的幸福，但是它们却又是那么真实地存在，让人触手可及。在人生的长河中，我们的确会遭遇很多的坎坷与磨难，甚至也有精神崩溃的时候，然而这些小确幸始终在河流中存在，时不时地温暖我们的心，也抚触我们的灵魂。

毫无疑问，小确幸这个词语以其温柔细腻的触角打动了无数年轻人的心，让那些生活中原本转瞬即逝的幸福也给我们留下深刻的体验和珍贵的幸福感。哪怕只是在春日的午后骑着单车穿行在街道上，哪怕只是在冬日的午后躺在沐浴着阳光的贵妃榻上读一本书，都让人感受到深深的幸福。从某种意义上来说，小确幸的确满足了人们对于生活的渴望，也使人更加满足。

每一对相爱的男女在青涩的年纪面对爱情时，总是能感到内心的悸动和深深的感动。正所谓情人眼里出西施，在情人眼里，哪怕对方的缺点也是可爱的，也是值得爱的。对于初次相识就一见钟情的菁菁与志鹏而言，此时此刻爱情正是这样的滋味。

志鹏刚大学毕业不久，手里没有什么积蓄，又因为最近失业，所以简直捉襟见肘。正在这种尴尬而又难堪的时刻，志鹏偶然邂逅了菁菁。菁菁虽然也才刚刚找到工作，不过恰逢她领取第一个月的薪水，所以她毫不犹豫地请志鹏吃饭。因此，这顿饭也就成了极具意义的一顿饭，因为初次相识共进的午餐，是用菁菁为数不多的薪水买的两碗拉面。当然菁菁也没有那么抠门，她还点了几个羊肉串，和志鹏一起享用。直到十几年后，在菁菁心中留下最深刻记忆的，不是一起吃大餐的日子，而是她和志鹏在彼此都没有钱的情况下，哪怕在路边摊花十几块钱，两个人吃饱的幸福和奢侈的感觉。他们的爱情，也正是因为有了这些小确幸，而变得生动具体，无可取代。

对于粗枝大叶的人而言，人生中总是缺乏小确幸，因而他们的心底也就少了一些感动和美好。而对于心思和感情都很细腻的人而言，小确幸在生活中总是随处可见，信手拈来，也因为他们对于生活的那颗心更加柔软，也更加从容。哪怕被生活伤害过，哪怕被被人误解过，哪怕事情并未朝着他们所期待的方向发展，他们也总是能够用这些小确幸温暖自己的心灵，让自己继续对生活满怀信心，不离不弃。

当小确幸这个带着清新和感动的词语在现代社会开始流行，一切都变得不一样了。我们的人生可以只有小确幸吗？当然可以。只有小确幸的人生不会像大多数人所担心的那样变得小家子气，反而会因为小确幸的存在，而变得更加温柔细腻。对于人生，每个人都有各自不同的追求。有人希望人生拥有大格局，也要求自己做出一番惊天动地的大事情，有人希望人生能够变得从容温婉，岁月静好，这也无可指责。最重要的在于，小确幸不仅仅是人生的驱动力，也是对人生的深刻感悟和体验，更是人生的收获。曾经有很多人之所以从容淡然，波澜不惊，就是因为他们拥有小确幸，也能够以小确幸为幸。其实，人生说长也长，说短也短，而人生之中很多身外物生不带来，死不带去，唯有内心真切的体验才是人生最大的收获和最不容错过的风景。既然如此，我们在忙碌的时候，就要更加用心捕捉生命中的小确幸；在感到自己无力支撑的时候，更要学会体察生命中点点滴滴的温暖。当然，人生也远远不止小确幸。每个人活在这个世界上都很艰难，没有人能够一味地享受小确幸，而无须努力付出和奋力拼搏。为了把小确幸长久地留在生命中，我们必须更加努力，而不要以小确幸为借口逃避生活的艰难。

朋友们，要记住：每一份安逸舒适的生活都不是平白无故而来的，唯有不懈努力的人，才能有闲情逸致欣赏花开花落。否则如果一个人面对生活总是非常被动，也被生活追得无处遁逃，那么他们就会失去对自我的体验和感悟，也会从此陷入生活的旋涡无法自拔，完全失去对生活的主宰和操控。

第07章

放弃安逸的现在，承受有价值的痛苦

人生的价值，恰恰在于不在痛苦中沉沦，而是在痛苦中崛起。人生必然要承受很多痛苦，但是我们要承受有价值的痛苦，而不要因为痛苦的存在变得迷惘，更不要因为痛苦而失去行动力，导致人生变得毫无方向。记住，当你在人生中感到无力时，一定要奋发向上，马上开始行动，因为行动正是唯一能够克服和消除无力感的办法。

学海无涯，不如开车前行

常言道，书山有路勤为径，学海无涯苦作舟。一直以来，人们坚信学习必然是艰苦卓绝的，绝不是轻轻松松的。而一个人要想在学习上有所建树，就必须勤奋刻苦，绝不敢有丝毫懈怠。如今，父母们恨不得孩子赢在娘胎里，在孩子出生之后，更是未雨绸缪，恨不得督促孩子始终在学习上名列前茅。当看到别人家的孩子在学习上有优秀的成绩，而且几乎轻轻松松就考入好学校时，他们更是心中焦急，迫不及待想要向那些孩子的父母取经，从而也能够复制成功的经验。殊不知，学习和人生一样，完全没有成功的经验可以复制。需要注意的是，虽然学习没有捷径可走，但是如今交通发达，我们也可以采取开车的方式节约脚程，加快速度，从而让孩子如同做了火箭炮一样，在学习上突飞猛进。

很多父母在听到那些优秀的孩子和成功的父母分享经验之后，总是觉得大失所望，他们不止一次地求证：你们的孩子真的晚上十点就睡觉了吗？半夜还会起床继续学习吗？然而，他们得到的回答依然是，每天十点就睡觉，遇到大的考试前夕，还会提前睡觉，因为要为第二天的大考养精蓄锐。从这一点不难看出，那些优秀的学子大考大玩、小考小玩，真的不是传说，而是学习的成功方法。如今的社会上，很多人对于学霸都有着形形色色的幻想，诸如觉得学霸几乎都不用睡觉，唯一的娱乐就是去图书馆，而且他们总是生活乏味，除了学习似乎再也没有任何事情能够引起他们的兴趣。其实不然。

假如只是单纯以在学习上付出的时间来衡量学霸，那么几乎每个高三的学生都是不折不扣的学霸，因为几乎每个高三学生都是点灯熬油，甚至很少有在午夜十二点之前睡觉的。然而，真正的学霸并不会为了学习把自己累得半死，相反他们之所以在学习上卓有成效，恰恰是因为他们掌握了学习的方式方法，因而能够提升学习效率，事半功倍。所以真学霸不以耗费在学习上的时间为标准，而以学习上的效率为原则进行衡量。不得不说，靠着苦读勉强进入学霸梯队的，都是最低级的学霸，一旦到了大学时期，面对大量的功课和复杂的人际关系，这些低级的学霸就会表现出很大的劣势。而对于真正的学霸而言，他们即便面对高强度的功课，也能合理安排好坐息生活，从而依靠在长期实战中摸索出来的学习方法让学习事半功倍，也让自己始终在学习上保持优势。毋庸置疑，他们发自内心地热爱学习，也愿意在知识的海洋里畅游，探索知识。然而，对于他们而言，最重要的是获取知识充实自己，活学活用，而所谓的成绩只是他们畅游知识海洋的副产品，根本不值一提。所以说，学海无涯，不如开车前行，这样才是既轻松又高效的学习方法，也才能真正帮助我们在学习上更上一层楼。

所以朋友们，我们要正确理解学霸，也准确定义学霸。如果你还是在校学生，那么看到身边有人每天除了上课就分秒必争地泡在图书馆里，如果你已经步入职场，发现身边有的同事总是利用工作之余争分夺秒地考取各种证书，那么你千万要淡定，要相信学霸并非利用那些简单的方式就能养成的。要知道，学习从来都只是一种途径，而并非人生的目的。为何有些人轻轻松松就能学好，有些人哪怕付出很大的努力，也无法取得突出的成就呢？归根结底，学习不是知识的堆砌，而是经验的积累。一个人唯有掌握正确的学习方法，才能在学习上拥有更大的主动性，也有更广阔的空间供自己发挥实力。而一个人如果从来不曾掌握正确的学习方法，那么他们必然无法适应瞬息万变的时代，更无法在学习上事半功倍。

当然，为了让学习卓有成效，我们还可以多多学习前人成功的经验。既然有现成的经验可以借鉴，我们为何不用呢？这总比我们自己不停地摸索，白白浪费宝贵的时间来得更好。这就像是一个人站在巨人的肩膀上，必然拥有更高的起点，也站得更高，看得更远。所以如果有机会踩着巨人的肩膀登高远眺，我们就一定要加以利用，从而为自己赢得更辽阔高远的发展空间。反之，如果我们的确不走寻常路，没有现成的经验可借鉴，那么我们就要更加用心地反思自己，从而有效地提升和完善自己。总而言之，如今的时代是开放性的，每个人都要怀着开放的心态对一切都更包容，而不要故步自封，闭门造车。否则，一旦让学习进入循环的死胡同，人生基业就会进入瓶颈期，导致无法卓有成效地取得进步。所以朋友们，当觉得学习的过程太艰难，而且进展缓慢时，有车开，不如就开车，这样才能欲速而达。

时间就像海绵里的水

大文豪鲁迅先生曾说，时间就像海绵里的水，挤一挤总还是有的。的确，现代社会很多人都在抱怨时间紧促，总是找不到大块的时间去做自己想做的事情，甚至连工作上的梦想，也被琐碎的工作撕扯得支离破碎。不得不说，这些人并非没有时间做事情，而只是因为他们不懂得利用零碎的时间，因而导致一切都变得局促和被动。

古今中外，大凡有所成就的人，无一不是善于利用时间的人。他们不管是在生活中还是在工作中，都总是争分夺秒。正是因为他们把别人浪费的零碎时间都整合起来了，所以他们才积少成多、聚沙成塔，最终成功地把握了人生，也绝不浪费分分秒秒的时间。如今，有很多相对自由的行业中，从业者更愿意选择以兼职的方式工作。殊不知，兼职的工作方式固然好，但是对于缺乏自制力的人而言，时间的利用率会非常低。而一个人如果能够自制，也能够自控，自然兼职的方式是比全职更灵活自由的，也更能够帮助人们实现自身的价值，按照自己的心愿安排工作和生活。

很多生活秩序井然、工作卓有成效的人，都觉得自己已经合理地规划了时间，因而他们每天都按部就班地生活和工作，似乎从不被时间弄得手足无措。然而，一旦生活的规律被打乱，或者生活中出现很多突发的事件和因素，他们马上又会意识到，自己所谓的管理时间实际上只是对时间的初步规划和设计而已，并不能算是真正的管理时间。真正的管理时间，除了能够合理安排已有的时间之外，更能够在时间不够用的情况下挤出时间来，完成自己必须完成的事情。

现代社会，生活节奏越来越快，工作压力越来越大，尤其是对于很多中年人而言，更是处于上有老下有小的人生阶段，生活必然忙乱不堪。然而，很多现代人虽然看似每天都忙忙碌碌，但却缺乏效率，他们并不能如期完成所有的事情，甚至还会因为手忙脚乱贻误重要的事情。长此以往，他们必然会被时间追着跑，再也无法成为时间的主人，而是变成时间的奴隶，被时间驱使和奴役。

那么，我们到底要如何做，才能从如同海绵一样绵密而又琐碎的生活中挤出时间呢？首先，我们要学会拒绝。尤其是人在职场，千万不要成为有求必应的好好先生，否则就会完全失去自己的时间，虽然每天都忙忙碌碌，却总是在瞎忙，根本没有成效。也许刚开始拒绝他人很难，我们由于各种各样的原因很难直截了当地说出拒绝的话，但是随着时间的流逝，我们会发现宁愿一开始因为拒绝而得罪人，也不要让自己变得失去自我，最终还要得罪人。当然，拒绝也是有技巧的，只要掌握拒绝的艺术，相信我们并不会伤害与他人之间的情谊。

其次，我们还要学会说是的。不可否认，很多事情都等待着我们去拍板，一旦思虑周全，我们就要当机立断。否则如果我们一味地拖延，那么最终非但不会赢得人生，反而会因为错失良机而导致结果不尽如人意。有的时候，为了有效节省时间，我们还要做出牺牲，诸如牺牲舒适度，或者牺牲金钱。所谓一寸光阴一寸金，寸金难买寸光阴，为获得时间很多付出都是非常值得的。

最后，要想节约时间，做事情一定要专注。所谓专注而又高效，就是告诉我们必须专注，才能有效提升效率，才能让一切事情的进展都事半功倍。现代社会虽然生活与工作的节奏都很快，但是却有相当多的人都陷入拖延之中，因此拖延症患者、拖延癌等名词层出不穷，也间接地告诉了我们拖延的负面作用。因此，我们必须有效解除拖延，高效面对生活。唯有如此，我们才能真正管理好时间，也挤出一切可以利用的零碎时间，使它们创造出价值。

人生路上，每个人都会面临各种各样的困惑，也会遭遇形形色色的困境。为了让人生的道路更执着，我们就要放弃那些不切实际的梦想和不可能实现的欲望，从而集中所有的时间和精力，做好自己真正想做的事情，让自己获得有价值、有意义的人生。归根结底，时间管理的本质在于实现人生的价值，完成人生的梦想，这也是时间管理的关键意义所在。所以不管采取何种时间管理的方式，我们都不能舍本逐末，而要不忘初心，坚持本心。

快速融入不同的圈子里

一个孩子突然转学，最担心的问题一定是所有的同学和老师都是陌生的，他根本不知道应该如何去面对。同样的，一个成人加入新的团队，或者加入新公司，他担心的也必然是面对完全陌生的工作，以及完全陌生的上司和同事，如何才能快速融入不同的圈子，从而使自己迅速适应新环境，获得好的发展。有的时候，哪怕是搬家了，人们也要面对新邻居，也要学会融入新的生活环境。由此可见，不同的圈子的确会给人带来巨大的心理压力，也会使人遭遇更多的挑战。其实，对于陌生的圈子，只要采取恰到好处的方式，就完全可以卓有成效地迅速融入。

首先，面对不同的圈子，我们必然要从事新的工作内容，因此学习和充实自己也就成为当务之急。现代社会，完全符合“活到老，学到老”的古训，每一个明智的职场人士，都知道要采取学习的姿态，以坚持不懈的学习来充实自己。毕竟现代社会知识更新的速度非常快，有的时候哪怕是刚刚毕业的大学生从事本专业的工作，也需要用心学习，才能渐渐适应工作的需要。所以对于职场新人而言，最重要的是如同海绵吸水一样迅速学习新的知识，接纳新的信息，从而吸收更多的知识养分，也让自己更加有底气，有资本。

很多新人对于新环境，最大的困惑不是不想学，而是要学的东西太多，一时之间千头万绪，根本无从下手。尤其是当听到新同事或者上司口中冒出自己根本不懂的新名词时，他们总是心慌意乱，甚至感到很心虚。这种情况下，与其刻意掩饰自己的不足，不如坦然面对自己的缺失，采取积极的态度主动求教他人。当然，如果是在正式的场合，因为碍于面子，也可以默默地把不懂的地方记在心里，这样等到私底下就可以做功课了。有的时候，很多场合都是预先知道要经历的，也可以提前做功课，就像学生们要预习第二天的新课一样，如果职场人士也能如此谦虚主动，那么相信经过预习至少会有一些进步。

其次，对于新的同事和复杂的人际关系，必须足够用心，才能如鱼得水。和复杂的人际关系相比，也许经营好人际关系，是比学习新知识更重要的。每个公司都有自己的企业文化，有可能不同公司的企业文化和精神截然不同。在这种情况下，作为有经验的职场新人，千万不要随随便便就想当然，把上一家公司的企业文化和精神擅自传承到新公司。正所谓入乡随俗，职场新人要想迅速融入新圈子，就要更善于察言观色，留神学习其他同事的做法，才能形成好的工作习惯。

再次，既然是融入新的团队和圈子，顾名思义，我们不能只关注其中的某个人或者某件事情，而要更加关注大局。唯有与整个圈子或者团队的大局观相互融合与统一，才能真正融入团队和圈子里。这就像一个画家作画一样，只一味地盯着小小的细节，是很难画出优秀的作品的，尤其是在谋篇布局时，更要把眼光放得长远，做到对整体布局胸有成竹，才能避免严重的失误，也才能最终实现自己的梦想和伟大的理想。

最后，在融入圈子之后，我们难免要与圈子里的成员相处。在这种情况下，为了与圈子里的成员相处更加和谐融洽，我们就要遵循人际相处的基本原则，即运用同理心，在不理解圈内成员的某些做法或者选择时，学会设身处地地为他们着想，从而也就不再一味地指责他人，也能避免误解他人。在人际相处过程中，同理心是一种非常重要的品质，能够帮助人们更好地理解他人，体谅他人，也避免了人际关系因为相互不理解而变得紧张。

总而言之，面对一个原本陌生的圈子，并不是那么容易就能融入其中的。我们必须做个有心人，也要宽容大度，才能积极融入团队，才能在团队里为自己赢得一席之地。人际关系无疑是人世间最复杂的关系，只要把人际关系处理好了，很多问题也就会迎刃而解。从这个角度而言，要想融入圈子，我们首先要与圈子里的成员搞好关系，然后再调整自己的各种观念，从而更好地与圈子保持同步协调，也让一切都如我们所愿进展顺利。

哪怕每天一点点，坚持也会成就卓越

曾经有人说，会写作能够帮助人们成就卓越的人生。对此，很多人都不赞同，甚至会发出反对的呼声。他们之中大多数人都是理科生，他们理所当然地觉得写作是文科生的事情，而以工程、建筑、金融、物理或者化学为专业的他们，当然无须写作。实际上，这是大错特错的。写作并非指的是狭义地完成文学作品，而从宽泛的角度而言，写作不管对于学习哪个专业的人，都能帮助他们实现人生的价值，也让他们的人生更加成功。这到底是为什么呢？写作究竟有怎样的魔力，才能影响人们的成功呢？

当然，这里所说的写作是广义上的写作，指的是非虚构的写作。不管你是从事销售员、编程员还是技术人员，你都能用得上写作。通常情况下，人们更善于说，而不愿意写。这是因为写比说显得更正式，也更严肃。这样一来，相比起说话，写作就成为了一项严肃的事情。写作，绝不是仅仅用华丽的辞藻简单堆砌即可，更多的时候，优秀的写作者必须具备清晰的思路，也要具备良好的表达能力，这样他们才能从一个简单的话题切入，最终抵达问题的关键所在，把问题说得清楚而透彻。很多人形容那些肚子里有货却说不出来的人为茶壶里煮饺子，同样的道理，擅长写作者必然是很善于表达的，他们茶壶里煮饺子，不是倒不出来，而是能够完全倒出来。而且针对不同的阅读群体，他们的语言也如同变色龙一样仁者见仁，智者见智。例如曾经有伟大的诗人每次写完一首诗，都会读给不识字的村妇听，因为他们觉得深入浅出才是诗歌的最高境界。正如一位著名的文学评论家所说的，一千个人眼中就有一千个哈姆雷特，的确如此，莎士比亚的戏剧之所以在世界范围内引起反响，影响深远，就是因为不同的读者会从他的作品中获得不同的感悟和领会。这就是所谓的经典。当然，写作是一个漫长的过程，没有人生来出口成章，大多数人都要坚持写作，渐渐地才能越写越好。这并非是让我们每个人都成为莎士比亚或者大文豪，而是告诉我们，坚持成就卓越，哪怕是写一些实用的东西，只要我们坚持不懈，就能下笔越来越熟练。

很多人擅长说，而不擅长写。其实，写作的基础就是良好的沟通能力。也许会有很多读者朋友感到困惑，因为有些伟大的作家其实并不善言辞。然而别忘记了，语言表达只是沟通的一种方式，哪怕很多大作家都不善言辞，他们的内心世界也是非常丰富的。他们在心中与自己创造的人物对话，与自己对话，渐渐地，他们的心灵越来越充实，当他们把内在外化为文字写下来时，他们的作品也就变得越来越精彩。

然而，不可否认，写作的确是一个浩大的工程，很多人提笔忘字，还有很多人写了几篇之后就坚持不下去了，最终只能不了了之。他们也许会自欺欺人：现代社会通信技术如此发达，随时都能打电话联系，还有必要写下来吗？其实不然。正是因为现代社会通信技术发达，所以写作才变得更加不可或缺。如果你职场经验丰富，你会知道邮件是很多职场人士最乐于使用的沟通方式。一则邮件能够更加详细地阐述问题，还可以配备各种图表；二则邮件不受任何限制，可以随时发送。此外，还有很多人喜欢用微信交流，这也是比打电话更方便的方式。尤其是如今网络这么发达，很多进行网络营销的企业家都知道，写作变得至关重要，哪怕是原本很普通的产品只要配以诗意的文字，也马上就会变得不俗。所以会写作的人面试的时候能够更加全面生动地介绍自己，让面试官还没见到自己，就已经先领略自己文字的魅力，自然可以起到先声夺人的效果。而在工作的过程中，会写作的人更是被称为才子，因为他们总是能用文字推销自己，也推销自己的产品，使得酒香不怕巷子深成为事实。

善于写作的人还会拥有良好的人脉关系，哪怕是发微信朋友圈，他们的文字也会让人感到耳目一新、别开生面。尤其是现在自媒体发展迅速，会写作的人更是能够通过自媒体让自己走入更多人的事业，也让自己成为信息传递的中枢，成为众人瞩目的焦点。说到这里，相信大多数朋友都已经意识到了写作的重要性，然而他们接下来未免感到为难，因为他们根本不擅长写作。那么，写不好怎么办呢？难道你从刚刚出生就很会说话吗？当然不是。婴儿从牙牙学语开始，要经过漫长的过程，才能渐渐学会熟练地说话。写作也是如此，和说话一样需要日久天长的积累，需要不断去练习。当你坚持写作，哪怕每天只抽出一点点的时间，只要假以时日，你就会发现自己变得与众不同。

大多数人对于写作都存在误区，觉得那些写作的大家全都是饱读诗书，而且能够引经据典。其实，真正优秀的作者不是照搬他人的思想，而是对于生活有自己独特的感悟，也能够把自己的所思所想真实地记录下来，如实地还原出来。这样一来，写作自然能够成为习惯，我们也渐渐会变得下笔如有神。总而言之，写作是沟通思想的桥梁。朋友们，如果你们想与更多的人进行心灵与心灵的碰撞，那么就提起笔来记录自己吧。你会发现，每一个平凡的生命都有着不平凡的一面，写作也会让你瞬间变得高大上起来！

人脉就是认识人吗

现代社会，人人都认识到了人脉的重要性，也意识到自己要提升人脉关系，才能获得更好的发展。然而，他们之中大多数人对于人脉的认识其实都有很大的局限性，那就是他们觉得人脉就是认识人。人脉真的就是认识人吗？当然不是。人脉远远不止认识人那么简单，例如你通过电视屏幕认识很多大明星，但是大明星可以算是你的人脉吗？在你需要的时候，大明星会来帮你的忙，助你一臂之力吗？如果不能，那么很遗憾，你只是和万千粉丝一样认识大明星而已，大明星根本不是你的人脉。

从这个角度而言，人脉的本质是我们可以利用的人际关系，而不是简单的混个脸熟就是人脉。不可否认，很多富二代一出生的起点就比大多数普通人的起点高，甚至还比大多数普通人的终点更高。而他们之中虽然有些是依赖父母的本事活着，但有些是的确有些真本事，也能做出点儿名堂来。

看上去，富二代的成功似乎轻而易举，这主要是因为他们有人脉，尤其是有父母的人脉。常言道，物以类聚，人以群分。大多数情况下，有钱有权的人总是扎堆，而富二代认识的伙伴也都是富二代或者官二代。把老百姓难倒的事情，到了富二代那里，也许随随便便、漫不经心地给朋友打个电话就能解决，这才是超乎金钱的更大的差距，也是导致普通人与富二代命运迥异的根本原因。

从本质上而言，人脉的建立是以资源置换为前提的。换言之，假如没有资源置换，也就是我们常说的相互帮忙，人脉也就不复存在。当然，资源置换并不局限于当时当下，也有可能会在未来发生。相比之下，所谓的认识未免太肤浅了，认识既有单方面的认识，也有双方面的认识，认识之后再相互认可，觉得对方可以为自己所用，因而自己也愿意竭尽所能帮助对方，这才能与人脉扯上关系。社交场合，最忌讳的就是交浅言深。有些人仗着自己与某个名人有着一面之缘，或者曾经在几十年前是邻居，就打着他人的旗号四处托关系办事，一旦被他人知悉，必然给他人留下恶劣的印象。所以哪怕知道人脉是好的，也不要一厢情愿地与他人攀关系。尤其是如今社交平台很多，有些人哪怕是在社交平台上与他人有过一句话的交集，也会不管不顾打着他人的旗号四处“招摇撞骗”，殊不知社交平台无法填平价值的鸿沟，素未谋面的交情非但对我们无利，反而会因此导致他人对我们反感。

其实，人脉必须建立在认识的基础上，但是认识之后距离建立人脉还遥远着呢！很多人用人的时候就恨不得像狗皮膏药一样贴在他人身上，不用人的时候又躲得远远的，这样的人是不配得到他人的帮助的。要想建立人脉关系，做人就不能太功利，也不要过分势利眼。虽然人人都想要结交生命中的贵人，但是需要注意的是，有很多时候并非“贵”人才是我们生命中的贵人，也许反倒是那些不起眼的人最终帮了我们的大忙。所以尽管怀着要建立人脉的愿景，我们也不能一味地讨好和迎合他人，而要不卑不亢，首先让自己成为堂堂正正的人，才能以自尊赢得他人的尊重，以平等赢得他人的平等对待。记住，建立人脉的第一步是建立自我价值，第二步是传递自我价值，这样我们才能吸引更多的人，也才能与他人进行高质量的互动。只有前面的基础工作做好了，建立人脉才会水到渠成。

没有意志力，怎样战胜拖延症

现代社会，虽然生活节奏越来越快，工作压力越来越大，但遗憾的是，在如此高强度的生活压力和生活节奏下，患有拖延症的人却越来越多。难道在当今社会，人们不是应该越紧张越神速吗？为何偏偏行为上的表现与精神上的反差这么巨大呢？实际上，拖延症并非大家想当然的那样，是因为时间宽松、压力不够大导致的。拖延症之所以出现，恰恰是因为压力太大，时间偶遇紧张。很多情况下，一旦人们承受巨大的压力，就会陷入到“上帝啊，这是根本不可能完成的”的恐慌之中，因而导致自己心烦意乱，无法集中精神和意志力把事情做好，也因此而失去信心和奋发向上的动力。

举个简单的例子而言，很多学生在遇到大的考试时会突然因为紧张而导致脑海中一片空白，这样一来就无形中降低了完成试卷的速度，也导致拖延症状明显，使得考试成绩受到影响。在成人世界里，这样的情况也并不少见。很多职场人士因为突然接受了一个艰巨的工作任务，而且得知在固定的短期内就要完成，也会心慌意乱，导致内心焦急，脑海中一片空白。这种情况下，巨大的压力使人情不自禁做出很多本能的选择，诸如找些好吃的东西吃，看看网络上的娱乐新闻，有一搭无一搭地查找资料，甚至看看朋友圈……这些都是放松心情的好方式，然而却导致时间悄悄地溜走，表现出沉重压力下的紧张症。很多人越是遇到大的考试越喜欢放松和休闲，越是得知马上要上交一份工作任务报告越是一个字都打不出来，越是到了交稿前夕越是毫无灵感，这些都是紧张症的表现。每个人对于紧张的症状也是不同的，如果用一张单子罗列出所有的紧张症状态，相信码出来的字能绕着地球好几圈。由此可见，人人都有紧张症，只不过症状的轻重和表现都各不相同而已。

很多人为了战胜拖延症，想出各种办法，堪称绞尽脑汁。实际上，战胜拖延症并不需要多少技巧，而只需要拥有顽强的意志力。与其说那些战胜拖延症的人都是真正厉害的角色，不如说他们在强大的意志力支撑下，根本不拖延。所以他们戒除拖延症的方法虽然卓有成效，却并不适合那些拖延症严重的患者，也不适用于所谓的拖延癌。对于缺乏毅力的拖延症患者，不如采取最简单的方法，那就是要当机立断去做。举个简单的例子，当一个人面对沉重的工作无从下手时，不如就打开电脑，哪怕是无意识的，也要开始行动起来，在空白的文档上打下第一个字。只要真正开始了，坚持就变得不那么难，也就能继续进行下去。这就像是人渴望获得成功，却总是止步不前，主动要与成功绝缘是同样的道理。只有真正迈出第一步，人们才能距离成功越来越近，否则一切的梦想都会变成不折不扣的空想，再也没有实现的可能。

除了这个切实行动的方法之外，战胜拖延症还有一个卓有成效的方法，那就是分解目标。面对一个艰巨的任务，人们总是因为畏难，觉得无从下手。每当这时，不如有效地分解艰巨的任务，将其变成一个个简单的任务，这样一来，从小处着手就变得没有那么困难了。就像日本的马拉松冠军山田本一在初次取得冠军时接受采访所言：凭借智慧取胜。不得不说，我们也是在凭借智慧战胜拖延症。然而，这个分解目标的方法依然建立在第一个方法的基础上，由此可见要想战胜拖延症，最重要的就在于马上展开行动，绝不给自己任何拖延的理由。就算在行动的过程中失败了，我们也能从失败中汲取经验和教训，从而使自己踩着失败的阶梯不断前进，接近成功。

有很多拖延症患者都是过于追求完美的，他们总是奢望自己下笔如有神。殊不知，哪怕是创作的大师，也不可能提笔就写出一篇好文章来，哪怕是能力再强的人，也不可能保证自己每次都获得完美的成功。所以拖延症患者还要戒除完美，宽容地接纳自己的缺点和不足，接纳自己不够完美的表现。

在心理学领域，很多大师都针对拖延症这一社会现象写出了很多深奥的文章，大概的意思就是人要战胜自我，才能战胜拖延。实际上，如果一个人能够真正战胜自我，他们根本就不会拖延。因而对于拖延，我们与其将其无限拔高到高不可攀的地步，不如从最简单而又微小的细节着手，从而卓有成效地战胜拖延。记住，行动起来远远比空想更重要。不管是战胜拖延也好，还是努力奋斗求得成功也好，都要从切实迈出第一步开始，才有可能更高效，也才有可能赢得好的结果。

第08章

缓慢地积累，也比停滞不前有用得多

现代社会，大多数的人生都是快节奏的，然而人生之中未必什么都能加快，很多情况下，人生是需要慢节奏的。有些事情必须经过缓慢的积累，才能避免停滞不前的困境，才能突破人生的禁锢，获得更好的发展。

停下来，给人生留白

每到八月份，很多大肚婆就会急急忙忙赶往医院，只为了在八月底那几天让宝贝提前来到人世间，这样接下来的入园、入学、升学、参加工作、结婚生子，都能提前一年。如果连出生也是可以提前的，人生还有什么是不可改变的呢？然而，让原本应该九月份出生的孩子提前一年降临人世，真的好吗？孩子提前一年做很多人生中重大的事情，就能如父母所愿处处领先吗？其实，人生中任何缓慢的积累，都有着非常重要的意义。正所谓滴水石穿，绳锯木断，唯有不断地积累，才能渐渐地由量变引起质变，最终让人生腾飞。

其实，生命的发展有其自然的历程。有很多男孩子，上学早并不好。原本男孩身心发育就晚，再早一年上学，他们就会显得更加稚嫩。而且，人生漫长的过程，未必这里节省了时间，其他时段也能进步。唯有等待孩子慢慢地成长，让孩子在时光的雕琢中日渐成熟，孩子才能更加从容，也才会拥有从容的人生。哪怕只是一年的区别，让孩子八月份出生，与比头一年九月份出生、比自己大一岁的孩子在一个班级里读书学习，如果不是顺其自然，实在有些牵强。越是对于年纪小的孩子，一年半载的差距，甚至是几个月的差距，就越会非常明显。所以作为父母一定不要太心急，不要总是催促着孩子快快长大，等到父母觉得时光逝去时，一切都会悄然走远，包括孩子一去不返的童年。既然生命中有太多的沟沟坎坎可能让孩子浪费掉一年甚至几年的时光，父母又何必要在最美的童年催促孩子，迫不及待地把孩子送去学校呢？

如今，很多人都提倡慢生活，作为父母，首先要接受孩子的慢慢悠悠，和孩子一起感受时光从指尖溜走的节奏。等到孩子渐渐成长，父母也日渐老去，他最终会投身于如同陀螺一样高速运转的社会，成为这个社会上同样保持高速的螺丝钉。父母养育孩子，还要学会不攀比，如今整个社会的心态越来越浮躁，很多人也人云亦云，对他人亦步亦趋。殊不知，每个人都有自己与众不同的人生，我们与其对他人的人生感到羡慕，不如淡定从容过好属于自己的人生。毕竟世界上最大的成功，就是活出精彩真实的自己，而不是模仿他人，最终漠视自我，却又一事无成。

年轻气盛的人，未免会被生活裹挟着不停地朝前走。而等到人到中年，才发现一切不得不慢下来。慢下来等待孩子成长，慢下来等待老人渐渐老去，慢下来陪着老老小小享受人生，慢下来认真仔细地审视自己的人生目标。这才恍然大悟，原来急促并非人生最好的姿态，很多事情必须经过漫长的过程，才能逐渐积累，获得最终的改变。记住，人生不是百米冲刺，不需要我们在刚刚离开起跑线的时候就以最快的速度不顾一切地往前跑。人生是马拉松，比的是持久的耐心，与其因为心急在刚离开起跑线的时候就摔跟头，不如走得又稳又好，从而保持稳步前进的人生态势。

不管我们多么急迫，人生注定了要经过很长时期的空白。就像中国的水墨山水画中，有技法的画家总是擅长留白，从而让画作表现出无穷的韵味，对于人生，我们同样不能将其塞得满满当当，甚至连喘息的时间和机会都没有。聪明的人知道，人生需要留白，需要在急躁冒进之后适当的沉淀，等待机会的再次到来。不管我们多么努力，人生总是会有空窗期，明智的朋友们不会因此而焦躁不安，相反，他们会顺应形势，甚至彻底停下来，放空自己，也给予自己更大的发展空间。央视一姐董卿在事业的鼎盛时期，曾经连续十几年主持春节联欢晚会。然而她静下来思考，觉得自己不能一直如同高速飞驰的列车一样行进下去，因而她选择让事业戛然而止，而让自己去国外留学深造。经过几年艰苦卓绝的学习，她终于成功转型，为自己赢得了更加广阔的职业发展天地。不得不说，这样的舍弃是明智的，也是对待人生不可取代的果决态度。患得患失的人生很难有好的发展，也没有广阔的天地，唯有学会沉淀下来，给自己积累的时间和过程，人生才会绽放与众不同的华彩。

出发，无须等到装备齐全

对于人生，一千个人一定有着一千种不同的设想和奢望，然而这一千个人之中能够如愿以偿拥有自己想要的生活的，却少之又少。生活不如意十之八九，而人们对于人生奢望过高，才是生活不如意的根本原因。也正因为对不可重来的生活从不愿意妥协，所以人们对于人生的态度才如此的较真，时时处处都不能放松，最终弄得我们身边的人也变得紧张不已，甚至无法与我们好好地相处。很多人对于人生的态度，就像一个怀春已久的少女面对自己隆重的婚礼，恨不得每个细节都完美无瑕，又像是一个奋斗了大半辈子好不容易买了房子的家庭主妇，总觉得自己的房子配得上金砖银砖的镶嵌。实际上，我们必须承认人生不可重来，对于每个人都只有一次机会。然而，我们也要认识到，人生经不起等待，不可能等待装备齐全再出发。就像诸葛亮万事俱备只欠东风的谋划，在人生之中永远也不可能出现。很多时候，我们哪怕只有百分之十成功的可能性，因为没有退路，就只能坚决地朝前走去，从而奔向人生未知的前程。

每个人在人生之中都会面对各种各样的困难和障碍。对于大的困难，也许需要拼尽全力并且借助于他人的力量才能解决，而对于那些看似不起眼实际上给人造成巨大困扰的小困难，我们则需要开动脑筋，让自己变得更加灵活机智，才能从容地解决问题。诸如挺着大肚子的女人在路上突然分娩，诸如刚刚成为妈妈的女人不得不忍受着乳头的剧痛给孩子哺乳，再如初入职场的人遭遇上司和同事的冷遇，或者在完成某项工作中非但没有得到预期的赞扬反而遭到意外的批评和否定，这些都属于人生中无数次艰难的第一次中的一次或者几次。这样的故事讲给他人听，大概只会引来他人善意的嘲笑，而发生在我们自己身上，却会使我们感到非常艰难，而且万分沮丧。然而，不管我们采取何种态度面对这些艰难坎坷，一切事情都会发生，而且不会改变。所以面对这些他人眼中最稀松平常的事情，我们必须勇敢地承担一切，也要做好准备面对过程中的所有磨难。

1888年，正值金秋，伯莎奔驰做了一件惊天地的事情。她变卖了从娘家带来的丰厚嫁妆，用所得的钱给丈夫用来进行汽车研发。她不但是妻子，更是丈夫不折不扣的合伙人。哪怕当时的民众还很抵触汽车，她却坚定不移地相信丈夫一定能够取得成功。为了向民众证明她的信心，她居然在某一天驾驶汽车带着两个年幼的孩子奔赴一百多公里之外的娘家。要知道，在当时汽车的制造技术还很不成熟，伯莎一路上遭遇了很多困境。一开始，她的燃料用完了，她不得不在半路上四处寻找购买石油的地方。后来，汽车的链条又坏了，她四处寻找铁匠铺，好不容易才找到铁匠修补链条。一路上，也许是因为路况差，也许是因为紧张，她还没到家就用光了刹车片，她不得不在堡适洛特四处寻找修车铺，好不容才换好了刹车片。

总而言之，汽车在一路上故障不断，伯莎不得不依靠自己的智慧解决问题。她也不知道自己是如何想出那些稀奇古怪的办法解决问题的，尤其是当汽车在无人区发生故障时，她更不知道自己哪里来的勇气。就这样，从清晨出门，到傍晚时分，伯莎和孩子们好不容易来到外婆家，孩子们简直饿坏了，第一时间冲入厨房找食物吃，而伯莎则给丈夫发了电报，告诉丈夫她已经带着孩子们完成了这次对于人类历史而言都具有划时代意义的旅行。

在汽车技术不够成熟的时代，伯莎就有勇气带着孩子们驾车行驶一百多公里。在出发之前，她一定不知道自己在旅程中将会遇到怎样的困难，但是这一切都不能阻挡她的信心、决心和勇气。就这样，她和孩子们一起完成了这次具有划时代意义的旅行，也用实际行动告诉人们汽车是多么新鲜和伟大的新生事物。和伯莎相比，我们在人生中面对的困难和障碍显然微不足道，最重要的是我们常常能够意识到即将发生什么问题，也可以很好地解决问题。所以朋友们，不要再等到万事俱备才启程，人生经不起等待，唯有勇敢地迈开大步，果断地前行，才能不断地成长。

人生如同登山，也许我们没有最好的装备，但是我们有着信心和勇气。试想，那些能够勇敢攀登珠穆朗玛峰的人，一定不是因为拥有最好的装备才获得成功的，相反的，是因为他们心中有希望，有必胜的信念，也有坚定勇敢决不放弃的人生品质。

给爱改改尺寸，让爱更合拍

现代社会不但是成人拼搏的时代，也是孩子们被拧紧发条上阵的时代。几乎每个孩子都会被父母赋予使命，他们不得不更加拼命和努力，才能让自己从小就赢在起跑线上，与父母的节奏保持一致，也才能赢得父母的认可和肯定。然而，即便孩子如此努力，父母与孩子之间的冲突还是不可避免地爆发，很多孩子都不知道父母为何要逼迫自己，很多父母也不知道为何自己明明为了孩子好，孩子却总是要和自己拧着劲地来。不得不说，这一切都是爱的不合尺寸导致的。

爱，一定都是合拍的吗？答案显然是否定的。恋人之间常说的有缘无分，也许是因为错的时间或者错的人，也许是因为爱的不合拍。而除了爱情之外，包括亲情、友情在内，很多感情都会出现不合拍的情况。既然如此，明智的朋友就要学会给爱改改尺寸，让爱变得合拍。这样一来，就会从相看两相厌到相看两欢喜，彼此相爱的人之间也会相处得和谐融洽，让一切都进展顺利。

作为一名母亲，琳娜原本梦想着女儿樱桃一定是自己的小棉袄，但是却没想到自从进入青春期，樱桃就与自己渐行渐远，甚至在考上大学度过艰难的思念时段后，她和樱桃每次打电话都会吵起来，最终总是不欢而散。其实，她们之间并没有怎样的深仇大恨，无非就是一个人到中年的妈妈絮絮叨叨地关心女儿，对于女儿一切不够安全的行为都表示坚决反对和绝不理解。渐渐地，樱桃和琳娜之间的共同语言越来越少，她们之间的电话也渐渐少起来，樱桃实在不想在千里迢迢之外打电话回家，只为了和妈妈吵一架。为此，琳娜也怨声载道，总是把“我家的小棉袄还不如半截袖”这句话挂在嘴边。渐渐地，樱桃也就接受了自己不是妈妈贴心小棉袄的事实。

有段时间，琳娜惦记在国外的女儿，因而不由分说给女儿寄过去很多国内的特产，都是女儿小时候爱吃的。她不知道的是，女儿在国外的学习压力很大，几乎连睡觉都睡不足，根本没有时间处理这些她花费重金寄过去的土特产。然而，放得时间久了未免会坏，又很可惜，为此樱桃再三叮嘱妈妈不要为她寄这些东西了。但是当妈的心总是忍不住，忍不住牵挂，忍不住要做那些多此一举的事情。就这样，樱桃对妈妈怨声载道，也把自己扔掉那些好东西的坏心情转嫁到了妈妈身上。直到有一天，妈妈突发脑溢血进了医院抢救，樱桃得知消息连夜转机飞回国内， 回到妈妈身边。看着日渐苍老的妈妈，樱桃心痛不已。她这才知道，在她出国的日日夜夜里，妈妈有多么牵挂和惦念她。

在中国有一种非常奇怪的现象，那就是父母与子女的关系。中国的父母子女从来不像西方国家的父母子女那样随时亲吻，把爱挂在嘴边，而是羞于把爱说出口，哪怕心中的爱非常深沉，也只是隐藏在心底，绝不轻易提起。而且，父母对于子女的爱总是以千奇百怪的方式呈现出来，诸如批评孩子一顿，抱怨孩子一通，甚至在明明很心疼孩子的时候，却忍不住抱怨孩子。有些父母在老家，距离在外打拼的孩子很远，每到逢年过节却要忍受着心中的牵挂和思念，坚决不让孩子回家，一则是心疼孩子长途奔波，二则是为了给孩子省下一些钱。渐渐地，父母子女之间的感情越来越浅淡，更不懂得如何才能加深感情。

这样的情况之所以成为常规现象，主要是因为父母一辈人经过艰苦卓绝的打拼才赢得了如今的社会地位，做出了属于自己的成就，然而他们很怕孩子再重蹈自己的覆辙，他们更希望孩子能够站在他们铸就的更高起点上，开启自己的人生之旅。也因为望子成龙、望女成凤，所以大多数父母对于孩子心理上都很紧张，很难全然放松。日久天长，孩子的心距离父母越来越远，尽管他们也在拼尽全力达到父母的期望，但是他们却不再把父母当成自己最值得依赖和信任的对象。

其实，这一切都是因为父母的心过于急功近利。养育孩子应该是一件很纯粹的事情，哪怕父母对孩子爱得深沉，也不能因为爱孩子而主宰孩子的命运。父母可以成为孩子的引导者，却不能成为孩子的主宰者。只有给予孩子更多的自由和广阔的空间，孩子才能自由自在地成长，也才能心智健全健康成长。当然，作为子女，也不要因为自己长大了，知道的越来越多，就对父母的话完全不放在心上。归根结底，每一个父母的初衷都是为了孩子好，考虑父母的意见，也尊重父母的意见，正是好孩子该做的事情。总而言之，并非每种爱都符合人与人之间相处的尺寸，越是关系亲密的人之间，越是容易因为过多的干涉，导致一切都变得紧张局促。这种情况下，人与人必须相互理解和体谅，也要主动修改自己爱的尺寸，才能让自己与他人的相处和谐融洽，也达到预期的效果。爱，是恒久的忍耐，这句话不只适用于爱人之间，也同样适用于各种彼此相爱、相互关心的关系。

实现第一个梦想，人生依然如常

对于人生，每个人都有远大的梦想，每个人也都希望能够在人生中实现梦想，成就自我。然而，遗憾的是，大多数人对于梦想存在很大的误区，总是觉得只要实现第一个梦想，后面所有的梦想就都会像糖葫芦一样穿起来，变得红彤彤的。然而事实并非如此，甚至使人失望，因为很多细心的朋友们都会发现，在实现第一个梦想之后，人生依然如常，甚至没有明显的改变。大多数人所梦想的，一旦实现第一个梦想，从此就走上康庄大道的情况根本不会发生。其实，就像考试时做完最后一道题目一样，你不会如同曾经设想了无数次那般如释重负，而是会保持平静，生活一如往昔。实现梦想之后也是如此，因为梦想曾经作为人生的终点，但是一旦实现，梦想就会变成下一阶段人生的起点。只是起点更高了一些而已，并没有特别值得庆祝或者大肆宣扬的。

从另一个角度而言，在梦想实现的那一刻我们之所以内心平静如水，也因为我们在为梦想拼搏和奋斗的过程中，已经付出了很多。既然是种瓜得瓜种豆得豆的回报，我们当然可以安之若素，坦然接受和面对。所谓的狂喜，只是在惊讶之余才会出现的欣喜，而当我们付出长久的努力才换来今日的成果，我们还有何必要感到喜出望外呢！

对于理智的朋友而言，实现了第一个梦想并非意味着高枕无忧，一劳永逸，而是意味着我们的人生进入新的高度，我们的未来也必然面临更大的挑战。而且实现梦想对于我们而言也许非常重要，但是在其他人眼中和心里，这只不过是世界上又一个小小的成功而已。当梦想成真，它就成为生命的过往，成为回不去的昨天，我们唯有鼓起勇气勇敢面对未来，继续坚持不懈地付出，才会有更大的进步。

人是非常脆弱的，很多时候，人们害怕被他人评价。所以在梦想实现之后，经历了最初的喜悦，接下来也许就是胆战心惊。所谓打江山容易守江山难，面对梦想，如何更进一步，如何更加提升和完善自我，成为每一个已实现梦想的人最关注的问题。

记得十年前在部门的会议上，每一位同事都被问起最大的梦想是什么。那些年轻的同事，有的初出茅庐，有的初入职场，他们的梦想说起来都很吓人，或者是成为企业家，或者是自己当老板开公司，或者是买套大别墅。而作为比大多数同事都年长几岁的林云只是淡然地说："再买一套房子给爸爸妈妈住，给我家老公买一辆车子代步。"原来，林云已经有了自己小小的家，他们一家三口和爸爸妈妈住在一起，感觉非常拥挤。所以林云最大的愿望是再买一套房子，距离自己家很近，这样就可以与爸爸妈妈分开居住，年轻人和老人都很方便。至于老公，一直以来老公都很喜欢汽车，所以林云想为老公买辆汽车，从而让家人出行更方便。

转眼之间，十年的时间过去，当初坐在一起开会的同事全都各奔东西，都不知道去了哪里，而林云呢，无意间就想起了自己十年前的梦想。如今的林云，果然已经实现了十年前的梦想，她有两套新房子，离得不远，可以和父母分开住。老公早就买了车子，都已经准备换车了。她还有了一个小女儿，如今儿女成双，俨然人生赢家。实现了这一切的林云并没有觉得特别惊喜，相反，她又给自己制定了更高的计划，那就是再买一套房子养老，老了当个包租婆。在岁月的历练下，林云越来越淡然，既把梦想看得很重，为了实现梦想而努力，也把梦想看得很轻，只要按部就班地实现就好。

有些人的梦想很小，稍微努力下就能实现。有些人的梦想很大，必须要付出长久的努力，坚持不懈，才能距离实现梦想越来越近。然而，一个梦想一旦实现，就会变成人生新的起点，未来的梦想必然更上一层楼，人生也会因此变得更加真实可触。

所以朋友们，我们不仅可以梦想，还可以畅想未来。但是必须要记住，实现了第一个梦想也许会让我们感受到惊喜，却不会颠覆我们的人生。归根结底，梦想是我们人生路上的里程碑，也是我们开启人生未来之门的必经之路。正是在一个又一个梦想接连实现的过程中，我们距离人生的目标越来越近，我们的人生也渐渐变得宏大起来。

坚持到极致，人生必然与众不同

常言道，金无足赤，人无完人。每个人都有缺点，也有优点，我们需要做的不是只盯着他人的缺点，也不是只盯着自己的缺点。盯着他人缺点的人，必然无法看到他人的长处，无形中就会轻视他人，而盲目地高看自己。盯着自己缺点的人，因为看不到自己的优点，所以也无法客观认知和评价自己，导致错失良机，也渐渐变得自卑沮丧，无法抓住擦肩而过的各种好机会。

其实，一个人即使再优秀，也不可能十全十美，他们总是能力有限，或许能摆平很多难题，但是这个世界上总有一个难题会把他们难倒。同样的道理，一个人就算再卑微，能力也有欠缺，但他们也是有自身的长处和优点的。任何情况下，只要他们坚持自己的所长，把自己擅长的事情做到极致，那么他们的人生就会变得与众不同。从这个角度而言，朋友们，不管你们对于自己的人生是满意还是遗憾，都不要放弃人生，而要坚持不懈地努力，不到最后一刻绝不放弃。很多喜欢看好莱坞大片的朋友都知道，很多主角的表演精彩绝伦，塑造的形象栩栩如生，这是因为他们哪怕面对再大的艰难坎坷，也绝不轻易放弃，而是以顽强的精神坚持到最后一秒钟，直到取得胜利为止。这甚至成为好莱坞硬汉精神的代表。

在现代职场，太多的人对于自己的命运都不够满意。他们总是怨声载道，觉得自己生不逢时，或者一味地抱怨公司的制度不公平，而这山望着那山高，总觉得月亮都是别的地方更圆。实际上，这样的心态除了使人愤愤不平和轻易放弃之外，对于职业发展没有任何好处。要知道，抱怨无法解决问题，唯有不抱怨，任劳任怨，主动地提升和完善自我，才能获得更好的发展。有的时候，成功并非要做出什么惊天动地的大事情，哪怕把简单的事情做到极致，也同样能获得成功。常言道，三百六十行，行行出状元，说的就是这个道理。

大学毕业后，小米和小叶一起去一家酒店应聘。小米各方面条件比小叶更好，可因为前台只缺一个人，所以负责面试的经理把小米安排在前台，而让小叶先去客房服务部做清洁工作。小叶当然不愿意整日和客户用脏的马桶、床品打交道，因而她当即表态："如果不能去前台工作，我就再去其他酒店试试运气吧！"看到好朋友小叶要离开，小米心里觉得不忍。她当即告诉经理："经理，小叶没有我强壮，干不了清洁的活儿，还是我去客户服务部吧，让她留在前台。"经理看着谦让的小米，只得同意了。

转眼之间，半年过去了。小叶每天在前台工作，干干净净，打扮得光鲜亮丽。小米呢，已经干了半年的清洁工作。说起保洁工作，大多数人都会想起大妈的形象，小米却凭着自己的年轻和干劲，让酒店的清洁工作旧貌换新颜。小米创新地在客户的客房里留下一朵鲜花，还坚持每天都把客户的马桶擦拭得光洁如新。有的时候，客户有什么额外的需求，小米也总是尽量帮忙。就这样，在短短的半年时间里，酒店经理收到了很多表扬小米的信，还有的客户因为小米热心助人、拾金不昧，还给小米送来了锦旗呢。

有段时间，客服部的主任跳槽了，经理思来想去，觉得小米虽然工作时间还不长，但是工作上颇有心得，也有创意，最重要的是小米原本就是学习酒店管理和服务专业的。为此，经理经过慎重思考，决定提拔小米成为客服部的主任。就这样，小米虽然从事普通的幕后工作，但是却因为她很用心，还做得出类拔萃，不但征服了客户，也征服了酒店经理。而小叶呢，依然在前台工作，每日做着毫无创意的工作，日复一日。

其实，职位并不是决定职场人士是否成功的关键，关键在于职场人士从事某项工作的时候能否全身心投入，能否为自己赢得更多的机会。常言道，机会总是留给有准备的人，一个人只有始终保持进步的姿态，才能抓住那些千载难逢的好机会。否则如果总是被动地工作，从来不愿意发挥自身的主观能动性，那么如何能够在工作上开拓创新，创造成就呢？

每一位人在职场的朋友，一定要记住，哪怕你现在从事的工作微不足道，只要你竭尽全力把简单的工作做到极致，那么你最终一定能够成就与众不同的自己，也活出精彩充实的人生。人生，就像攀登高峰，在山脚下时也许觉得山顶遥不可及，然而当我们努力提升自己的高度，就能做到一览众山小，也能够对于人生的大格局有更好的把握。所谓高度决定眼界和胸怀，其实也是很有道理的。很多时候，面对他人的成功，我们会觉得不以为然。而唯有我们也获得成功，才能提升到他人曾经的高度，也才能领略他人早就已经领略的人生美景。

第 09 章

你荒废掉的时间，有无数人正在用来拼命

人，最宝贵的是生命。对于每个人而言，生命都只有一次机会，既没有回程的车票，也不可重来。所以我们每个人都要珍惜生命中的每一天，绝不要轻易白白地浪费生命。其实，生命对于人而言是最公正的，每个人每天都有二十四个小时，每个小时中的分秒数一分不多，一秒也不少。所以大文豪鲁迅先生曾经说，时间是组成生命的材料，浪费别人的时间等于谋财害命。由此不难推断，浪费自己的时间就相当于自杀，而生命如此美好，又有谁愿意自杀呢?

人生短暂，时间悄然流逝

“门前老树长新芽，院里枯木又开花，半生存了好多话，藏进了满头白发……时间都去哪儿了，还没好好看看你眼睛就花了，柴米油盐半辈子，转眼就只剩下满脸的皱纹了……”这一首《时间都去哪儿了》之所以能够唱遍大江南北，就是因为歌词深深地打动了每一个人的心。父母听了这首歌满眼含泪，子女听了这首歌忍不住地痛惜父母的韶华易逝，青春不再。而这个世界上，谁人不是父母，谁人不是子女，谁人不曾从年少到青春，从青春到暮年。时间都去哪儿了，这是每个人都想弄明白的问题，也是每个人都倍感无奈的问题。

时间都去哪儿了？时间的脚步啊嘀嘀嗒嗒，消失在我们追求梦想的过程中，消失在我们吃喝玩乐的忙碌中，也消失在我们无数次为了梦想而远离家乡和亲人的追逐中。还记得自己有多长时间没有给父母打电话了吗？还记得上一次静下心来看一本书是什么时候了吗？还记得有多久没有静下心来做一件事情了吗？在浮躁的社会中，每个人都情不自禁地沉沉浮浮，或者觉得人生短暂，或者觉得欲望太多，总是忘却了初心，眼睁睁地看着人生悄然流逝。

作为一名销售人员，莉莉每天都很忙，不是公司里要开会，就是客户临时要来和她谈一些事情，又或者要拜访客户。与此同时，销售经验丰富的莉莉，还时不时地带一带徒弟，对徒弟言传身教。一开始，莉莉觉得自己这样的工作很好，因为她觉得很充实。然而，直到几年过去了，莉莉虽然凭着奋力拼搏挣了一些钱，却发现自己除了会销售，貌似什么也不会了。她似乎突然顿悟了一般，当即决定要给自己制定学习计划，给自己充电。毕竟销售行业也是吃青春饭，一旦年纪大了，要想继续与小年轻们一起打拼，就很难了。莉莉想向管理转型，为此她为自己买了很多关于管理的书籍，还报名参加了网络课程。

莉莉的学习计划就从国庆节的七天假期开始。原本，莉莉下定决心要在早晨八点准时起床开始看书，读英语，但是八点的闹铃响了之后，莉莉实在太困倦了，她决定再睡十分钟。等到睁开眼睛，莉莉惊讶地发现时间已经到了中午十一点半。无奈，莉莉只好把自己的计划整个后延，拖延到下午。吃完午饭，莉莉正准备拿出书来看，好朋友打来电话邀请她一起出去玩。莉莉想拒绝，可是看着窗外阳光正好，她又犹豫了。最终，莉莉第一天什么事情也没干，和朋友们从下午开始一直玩到深夜才回家。

第二天，莉莉又故技重演，继续睡到日上三竿，照常地，到了下午，她又有了各种各样好玩的事情需要参与。直到国庆节最后一天，莉莉也没有完成一天的学习任务，自己也觉得万分沮丧。

莉莉身上的问题并不少见，甚至在生活和工作中非常常见。毫无疑问，莉莉是典型的拖延症，因为面对各种各样的诱惑，她完全没有自制力，只能一次又一次地妥协。现实生活中，人们总是用“岁月如梭、光阴荏苒”来形容时间的转眼即逝。毫无疑问，没有人能决定生命的长度，也不知道自己的生命到底何时会戛然而止，而唯有努力地充实生命，拓宽生命的宽度，我们才能成为生命的主宰，真正掌舵生命。

所以朋友们，在觉得命运无常时，不要抱怨，不要慨叹。与其浪费宝贵的时间在抱怨上，不如争分夺秒，努力提升和完善自我，也增加自己的资本，这样才能让自己更有资历也更有资格迎接成功的人生。人生是琐碎的，有太多零散的事情需要我们去完成，与其一味地等待合适的时机，不如抓紧分分秒秒的碎片时间，从而才能积少成多，聚沙成塔，最终以点点滴滴的积累完成很多人生中必须做的事情。现实生活中，也总有些朋友因为错过的昨天而懊悔不已，其实这非但无法让时光倒流，反而会让我们因为悔恨而失去更多的时间。所以真正明智的朋友能够学会忘记过往，而更加全神贯注地活在当下，憧憬明天，也全力以赴地创造明天。

把明天当成是生命中的最后一天

海伦的《假如给我三天光明》打动了全世界无数读者的心。每一位读者都为海伦的黑暗世界而慨叹，也为海伦向往光明的灵魂所感动。对于一个终日生活在黑暗中的人而言，三天的光明就显得弥足珍贵，那么对于漫长的生命而言，如果只剩下最后一天，我们又要如何度过呢？

转眼之间，2012年早已经过去了。十几年前，很多人都曾经因为玛雅人预言2012年是世界末日而感到惊慌和绝望，但是时间的河流从不停息，如今已经是2017年。我们要庆幸世界末日没有如约到来，却也要感慨时间流逝之快，简直让人来不及反应。在平静而又一片祥和的岁月中，很少有人会预想到当生命只剩下最后一天的情形，因为在大多数人心目中都觉得岁月静好，似乎最后那一天永远也不会到来。然而，生死有命，富贵在天，没有人能够预知自己的生命何时结束，与其在生命仓皇结束的时候感到懊悔万分，不如把人生中的每一天都当成是生命中的最后一天度过。这样，生命才会更淡然，人在面对生命结束的时候也才会更加坦然从容。

假如明天就是生命中的最后一天，你会做些什么呢？是与所爱的人在一起相互厮守，还是做自己最想做的事情，或者疯狂，或者崩溃，相信当最后一天真的到来，人们一定会有完全不同的表现。实际上，在人生之中的最后一天，要做的事情还是很多的，甚至千头万绪。我们需要告诉每一个亲人和爱人，向他们表达爱意；我们恨不得再多看孩子一眼，再多陪伴父母一分钟；对于曾经与他人之间的不愉快，我们也想消除，这样人生才会了无遗憾；我们要完成手上的工作，让自己的一生更圆满……思来想去，一天的时间实在太短，我们根本来不及与我们的亲人、爱人告别，也来不及完成自己尚未完成的事业，更无法好好地再看一眼这个世界。既然如此，朋友们，趁着今天还不是生命中的最后一天，不如用心完成每一件想做的事情，也全心全意陪伴每一个在乎和深爱的人。只有让人生中的每一个今天都了无遗憾，当生命只剩下明天，我们才会更从容，更淡然。

现实生活中，很多人都是不折不扣的拖延症患者，他们总觉得人生还有无数个明天，所以总是告诉自己“从明天开始，我就要……”是啊，“明日复明日，明日何其多，我生待明日，万事成蹉跎”。如果我们总是把希望寄托在明天，那么我们就会荒废无数个今天，而今天恰恰是每个人生命中唯一能够把握的一天。从这个意义上而言，放弃和错过了今天，我们也就相当于放弃了整个人生。

如果你好几天前就想给父母打电话，那么不要再以忙碌为借口，要相信自己即使再忙碌，抽空打个电话还是完全可以的。既然不能在父母身边尽孝，那就要把心意送到，让父母吃点儿好吃的，不要亏待自己的身体。当然，如果经济方面有能力，也可以给父母一些钱，从而帮助父母改善生活的条件。如果你早就觉得和朋友之间上一次的争吵责任完全在你，那么不要迟疑，马上打个电话或者发个微信向朋友道歉，与朋友重归于好。人生在世，原本就非常苦闷，更不要让误解在心中生根，从而导致人际关系变得疏离。如果你早就想去学习插花，那么马上就找出时间去吧，因为你早一天学会插花，你的生活就会早一天变得更美丽，你的心情也会变得灿烂起来，充满鲜花浓郁的芳香。

既然每个人的生命都只有一次，每个人的一天都只有二十四个小时，那么我们就要活出生命的分量，而不要因为各种拖延使得生命缩水，更不要让自己的人生变得毫无质量可言。其实，对于任何人而言，不管是人生过了百年，还是非常短暂，对于历史的长河而言都同样微不足道。而我们要做的就是活出属于自己的精彩人生，哪怕面对人生中诸多的磨难和坎坷，我们也要始终充满勇气，迎接命运的挑战，超越人生的困境，也给人生留下绚烂的浓墨重彩！

守时，才能受到大家的欢迎

正如鲁迅先生所言，浪费别人的时间就等于谋财害命，因为时间是组成生命的材料。一直以来，中国传统的观念和行为习惯中，对遵守时间看得并不那么重要，总觉得晚一会儿到并没有什么大不了的。实际上，在西方国家，守时是人非常重要的品质，也是帮助人们赢得他人尊重和认可的重要途径。一个人如果不守时，往往是不尊重他人的表现，这样一来，他们自然也无法得到他人的尊重。随着国门的打开，国际化进程越来越快，国内的很多企业、公司也经常与国外的客户展开合作，因而守时也日益受到重视，变得不仅仅是一种礼貌，在职场上更是必不可少的职业道德。试想，一个求职者如果在面试的时候迟到了，那么还能给面试官留下好印象吗？可想而知，他的求职也会完全落空。

很多人一旦迟到，会给自己找出各种各样无关紧要的借口和理由。殊不知，对于真正守时的人而言，迟到就是迟到，而遵守时间是不容商量的。真正有时间观念的人，会把所谓的堵车、天气等种种因素都预先考虑到，从而给自己留出富余的时间，以保证自己能够准时到达，参加与他人的约会。而只有时间观念不强的人，才会以堵车、天气等借口为自己辩解，反而会让人觉得更难以接受。尤其是在社交场合，守时的人往往更受欢迎，因为人人都希望得到他人的尊重和重视，而不希望被他人轻视和忽视。守时，恰恰是一种态度的表达，也是一种礼貌和礼节。

记住，时间观念强的人是做出来给他人看的，而根本不会一边迟到，一边标榜自己平日里时间观念很强，偶尔迟到只是因为外界原因，根本与他自己无关。在守时者的眼中，这只是在推脱责任，根本不是在真诚地道歉。

作为德国大名鼎鼎的哲学家，康德虽然名气很大，却从不因为自己是名人，就不遵守时间。1779年，康德计划去柏芬小镇拜访威廉先生。康德和威廉先生是老朋友，因而他早早写信通知威廉先生自己将会于3月5日上午11点之前登门拜访。威廉先生收到康德的信喜出望外，当即回信表示欢迎康德。

柏芬小镇地处偏僻，而且威廉先生的农庄距离柏芬小镇还有一段距离。

为了能够在3月5日准时到达，康德在3月4日就乘坐小火车到达了柏芬小镇。在镇上住了一晚之后，次日清晨，康德早早起床，乘坐提前雇好的马车赶往威廉先生的农场。原本康德是可以准时到达的，但是让康德没想到的是，去往农场必经的一座小桥坏了，如果绕道而行，那么他根本不可能赶在十一点前到达。康德看到当时已经十点多了，不由得心急如焚，为此，他思来想去，最终打起了附近一所破旧农舍的主意。康德花费高昂的价格从农舍主人手里购买了农舍，然后又让农舍主人和儿子一起帮助他撤掉农舍的一切木材，修建好那座破旧的小桥。后来，康德为了感谢农舍主人和儿子，又把农舍还给了他们。就这样，康德紧赶慢赶，终于赶在差几分钟十一点的时候，来到了威廉先生的农庄。威廉先生早就等候在门口迎接康德了，他一看到康德，就喊道："我的朋友，你还是那么准时！"在农场，康德和威廉先生愉快地相聚。在相处的这段时间里，康德绝口不提自己曾经买下农舍修建小桥的事情。直到康德离别之后很久，威廉先生才从农舍主人口中得知事情的始末，不由得深受感动，当即写信感谢康德如此守时。

遵守时间，绝不仅仅是习惯问题，而是关乎一个人是否尊重他人，是否具有高贵的品质。一个人不但要珍惜自己的时间，也要珍惜他人的时间。这样不管做什么事情，都会因为守时而得到他人的尊重，建立良好的人际关系，甚至也获得更好的结果。

很多人不分时间场合，总是对时间毫无概念，也因此总会导致他人怨声载道。如果是在职场上，这样毫无时间观念，只会导致被他人疏离。尤其是当遇到很多重要的场合时，一定要把时间计算得有一定的富余，这样才能从容应对有可能出现的突发情况，不至于因为迟到而给他人留下恶劣的印象。人们常说时间就是生命，时间就是金钱，由此可见人们对于时间的重视程度。对于经常迟到的朋友而言，其实有很多办法可以帮助他们加强时间观念。诸如可以戴一块手表，随时随地看一看时间，提醒自己要分秒必争。再如，如今智能手机的作用越来越强大，也可以为自己制定备忘事项，或者在有事情需要牢记的时候多设定几个闹铃，从而帮助自己记忆。总而言之，真正守时的人总是能够想出各种各样的办法遵守时间，这一点是毋庸置疑的。

时间的脚步永不停歇

时间的脚步永远嘀嘀嗒嗒地向前，既不会太快，也不会太慢。看起来每一分每一秒都真实得可以触摸。然而在人生之中，时间真的是虚无的存在。也许我们打个盹的工夫，时间就悄然走远了。所以人们常说，有些事情想做就要马上去做，否则就再也没有机会做了。毋庸置疑，时间一去不返，就像生命不可重来一样，时间和生命一样值得我们加倍珍惜。

人生之中，很多细心的人都会有这样的感触，即很多机会一旦错过，就再也等不来。就像《西游记》中，那些妖怪一旦抓到唐僧，小喽啰总是恨不得马上就把唐僧肉吃到嘴里，但是大王却总是要烧水或者等待合适的时机，结果他们最终非但没有如愿以偿地吃到唐僧肉，反而全都败在了孙悟空的金箍棒下。不得不说，这些妖怪死不瞑目，要是早些吃了唐僧，不就没有这样遗憾的事情了么！不仅在《西游记》中，在现实生活中，这些使人遗憾的事情也总是时常发生。很多人因为犹豫不决错失良机，也有些人因为迟疑不定导致自己由主动变得被动，最终获得不好的结果。这样的人就像契诃夫笔下的套中人，总是畏畏缩缩，不敢敞开心扉面对这个世界。殊不知，时间从来不会等待他们做出决定，而是一刻也不停歇地向前再向前，导致他们最终被时间远远地甩下，再也没有可能追赶时间。看到这里，明智的朋友一定知道，时间不会停留下来等待我们，所以要想把握人生，就要在深思熟虑之后坚决果断，才能及时抓住那些好机会，也才能准确扼住命运的咽喉。

艾薇是个非常内向的女孩，偏偏因为大学毕业后一时之间找不到合适的工作，她加入房地产公司成为了一名房地产销售员。艾薇从未想过自己有一天会成为销售员，因为她在找工作的时候，眼睛一直都是盯着文秘、助理之类的文职工作。然而造化弄人，那些工作或者是骗人的，或者要求很高，艾薇够不着。就这样，艾薇鬼使神差地成为了房地产销售员。

上班之后，经历了几天培训，艾薇就正式成为了一名房地产销售员。因为一开始并没有什么资源，所以经理给了艾薇一个笔记本，上面记载着很多客户的电话，不过大多数客户都是过期的，或者不确定是有效的。经理让艾薇打这些电话，艾薇非常发愁，她沉思很久，也没有打出去第一个电话。她心中不停地揣测：我要是打电话被拒绝怎么办？客户会不会劈头盖脸骂我一顿，说我骚扰他呢？如此思来想去，艾薇好不容易才鼓起勇气打了第一个电话，结果电话里传来："对不起，您所拨打的用户暂时无法接通……"艾薇如释重负，赶紧挂断电话，深呼吸一口气。后来，艾薇每次打电话的时候都盼着电话那头无法接通，其他新同事胆子越来越大，艾薇居然胆子越来越小，后来发展到每次拿起电话的时候都内心颤抖，双手也不停地颤抖。因为工作上始终没有起色，一个月之后艾薇就被辞退了。

毫无疑问，艾薇因为恐惧，让自己进入停滞的状态。然而，她虽然停下来了，但是时间却没有停下来。在她原地止步不前的过程中，他人都取得了巨大的进步，也因此把她远远地抛下了。现代职场竞争非常激烈，没有任何公司愿意养着闲人。所以艾薇理所当然被淘汰，也不得不另谋出路。现代职场上，很多人都和艾薇一样，总是缩起脑袋当鸵鸟。然而，一时的逃避并不能解决问题，唯有真正战胜自己内心的恐惧，让自己坦然面对一切，才能让自己跟随时间的脚步，与时俱进。

每个人都有梦想，每个人都希望实现自己的梦想。然而，如果没有坚决行动的决断力，不能投入所有的时间和精力完成梦想，那么在犹豫不决和迟疑不定中，人们最终会错失实现梦想的最好机会，也会因为与梦想失之交臂，而导致自身的失落沮丧和自卑沉沦。所以朋友们，不要再轻易停下脚步，地球每天都自转，还要围绕太阳公转，就是为了在银河系中占据自己的一席之地，作为普通人，哪怕人生很平凡，我们也不能轻易放弃，而要勇敢地面对一切，也要竭尽全力跟上时间的脚步和人生的节奏。

今天，是生命中每一个完全独立的日子

人生有三天，昨天、今天和明天。昨天已经成为过去，再也回不去，而明天还未到来，所以人生中唯一能够把握的就只剩下今天。其实，从这个角度而言，人生中只有一天，那就是今天。归根结底，每个人在人生之中能够把握的只有今天，而一个人要想让人生变得充实，充满力量，就要把握好今天。活在当下，这是很多人都倡导的人生态度。遗憾的是，大多数人虽然明知今天才是可以把握和操控的，却总是因为逝去的昨天感到懊恼，又因为还未到来的明天感到忧愁和焦虑。最终，他们连唯一拥有的今天也错过了，让今天充满了懊悔沮丧和焦虑忧愁，也使人生变得无所适从。

实际上，尽管今天在昨天和明天中承前启后，却不应该被困于昨天和明天。唯有把今天当成生命中完全独立的一天，把每一个今天都当成今生今世来度过，今天才会在生命中大放异彩，也才会真正支撑起人生，成为人生的脊梁和希望所在。很多人之所以穷尽一生忙忙碌碌，却始终毫无收获，就是因为他们拎不清昨天、今天和明天的关系，导致既错过了昨天，又错过了今天，而且还无法迎来美好的明天。每个人，不管出于什么缘由，都不能忽略现在。现实生活中，很多人不是为过去懊恼，就是把希望寄托在就明天，总是说："如果我当初……""我决定以后……"这样的话，对于转瞬即逝的人生而言没有丝毫意义。要想走好人生的每一步，我们就要学会忘却过去，也要充满希望地畅想未来。

在英国蒙特瑞综合医院中，有很多实习的医学生。有一位学生终日愁眉苦脸，似乎人生对他极其的不公平，也使他感到人生希望渺茫，甚至有些想要放弃人生的意味了。在这个年轻学生的生活中，除了焦虑，就是抱怨，还有就是茫然。他对于自己的未来总是思虑过远，导致看不到人生中任何的希望。每天一睁开眼睛，他就对生活万分沮丧，然而，实际上他学习上很顺利，成绩也很优秀，更没有遇到特别为难的事情。那么，他为什么还是如此消沉沮丧，对人生了无希望呢？

1871年，这位学生偶然读到了一本书，看到了一句震撼心灵的话——在人生之中，最重要的是做好手中的事情，而不是一味地眺望模糊的远方。这句话使年轻人茅塞顿开，也恍然顿悟。他正是因为觉得人生没有什么值得期待的，才会万分沮丧，看到这句话之后，他一改自己消极的人生态度，开始努力做好眼前的事情。最终，这位年轻人在医学上有了很深的造诣，创建了举世闻名的约翰霍普斯金大学，还在牛津大学医学院担任教授。和曾经茫然无序的人生状态相比，他俨然实现了人生的逆袭，创造了生命的奇迹。因为他做的伟大的成就，英国国王还册封他为爵士，这可是至高无上的荣誉啊！

若干年后，已经步入老年的年轻人在耶鲁大学举行演讲会。在演讲会上，他把自己成功的秘诀毫无保留地传承给学生们，那就是——活在一个完全独立的今天里。

看到这里，很多朋友一定猜出这个年轻人就是大名鼎鼎的威廉·奥斯勒。没错，威廉的奇迹告诉我们，每个人唯有把握好今天，明天才会更美好。

活在一个完全独立的今天里是什么意思呢？就是要把已经逝去的昨天隔离在外，然后用今天的努力去保证明天的辉煌。的确，天上从来没有掉馅饼的好事情，世界上也从没有一蹴而就的成功。我们在今天点点滴滴的努力，都会为我们的明天铺就道路，帮助我们拥有一个美好的明天。很多人都为即将到来的明天而忧愁，殊不知忧愁只会白白浪费宝贵的生命，要想把握明天，真正有效的办法是努力过好今天，唯有让今天尽善尽美，明天才会变得触手可及。

现实生活中，很多人沉湎于过去无法自拔，也有明智的人活在当下，把握好每一个今天，唯有不够理智也不够聪明的人，才会为了明天而陷入无休止的担忧之中。我们当然可以未雨绸缪，但要把握好合适的度，不要因为过度，导致杞人忧天，为了还未到来的一切就透支了自己所有的心力。

常言道，计划赶不上变化快。很多时候哪怕我们把一切都设想得很美妙，事到临头也会发生各种变故，导致我们应接不暇。既然如此，我们只要做到未雨绸缪即可，其他的事情就等到事到临头的时候再面对也完全来得及。明智的人更不会为了未来而失去对现在的努力和把控，因为他们很清楚，每一个独立的今天都孕育着美好的明天，每一个独立的当下都是未来幸福美好的保证。

只需要一万小时，就能变得卓尔不凡

一个普通而又平凡的人，如何才能获得成功呢？有人说需要天赋异禀，有人说必须拥有好运气，还有人说要持之以恒。这些都没错。然而，不管是天赋也好，还是运气也罢，都不能保证人们获得成功。人们要想获得成功，就要遵循一万小时定律，坚持把简单的事情做到极致，这样成功也就会不期而至。

那么，一万小时到底是多长时间呢？把一万小时量化，也就是说一个人要在十年的时间里，每天坚持抽出三个小时做自己喜欢或者擅长的事情，甚至是自己根本不感兴趣的事情。为了证明成功与兴趣之间的联系，曾经有一位匈牙利心理学家勇敢地用自己的三个女儿做实验，坚持让女儿们在十年的时间里学习国际象棋。最终，事实证明他原本并不喜欢国际象棋的三个女儿，全都成为了伟大的国际象棋大师，并且都因为在象棋方面的造诣而名震世界。她们就是在国际象棋界大名鼎鼎的波尔加三姐妹。实验结果最终证实，哪怕是从事自己不感兴趣的事情，只要能够坚持一万小时定律，那么就能够在某个领域做出特别的贡献，获得杰出的成就。

在传统的观念中，人们总是把学习形容得非常苦，诸如头悬梁锥刺股，诸如冬练三九夏练三伏等，都是在告诉我们学习从来不是轻松的事情。然而，随着时代的发展，如今人们对于学习有了更加深刻的理解和感悟。诸如只要坚持一万小时定律，十年磨一剑，那么即使快乐地学习，最终量变也会引起质变，学子也能成为才子。所以朋友们，不要再对学习心有余悸。十年之中，只要你坚持每天抽出三个小时全心全意地做一件事情，你终究会获得成功。

作为一名普普通通的办公室文员，阿妹却并不甘于永远这样平庸下去。因而从走出大学校园的第一天开始，阿妹就坚持写日志，发表在自己的微博上。后来，又有了微信公众号，她就一起放两只羊，一边发微博，一边发微信公众号。三年时间过去，阿妹已经积累了很多人气，也拥有了自己的粉丝。有一家出版社联系她想要帮她出书，阿妹欣然接受。随着这本书的出版，阿妹也成为公司里著名的才女，总经理甚至点名提拔阿妹当他的助理。

就这样，阿妹不但在事业上有了很大的进步，在创作道路上也突飞猛进。又是几年过去，阿妹的公众号和微博名气越来越大，仅仅是每个月帮助其他商家进行推广，阿妹就赚得盆满钵满。阿妹也辞掉了工作，成为专业撰稿人。后来，她渐渐成为畅销书作家，她的每一本作品都销量很大，也赚足了人气。

看到阿妹的故事，也许有的读者朋友会说，每天坚持写点儿东西有什么难的，根本就不难。的确，这就像是评价他人做好事一样，只简单地做一件好事，哪怕是惊天动地的大事，也没什么难的，最难的就是坚持做好事，从来不间断，更不放弃。

很多事情看似简单，一旦坚持下来，就会变得伟大。阿妹之所以能够成功改变自己的命运，就是因为她有顽强的毅力，也绝不轻易放弃。毫无疑问，在如今这个时代，简直梦想泛滥。常言道，世上无难事，只怕肯攀登。如今最缺乏的不是梦想，而是持之以恒的精神。很多人之所以在与他人各方面条件相差无几的情况下却被他人远远甩下，就是因为他们只有梦想，却无行动，而一味地空想恰恰使他们距离成功越来越遥远。

需要注意的是，所谓的一万小时定律并非要很精确的一万个小时，有的时候，哪怕比一万个小时短，人们也会如愿以偿得到想要的结果。有的事情比较艰难，也许需要付出两万小时的努力，我们也依然要坚持下去，这样哪怕不能获得成功，也会有意外惊喜的收获。总而言之，朋友们，不要觉得自己从事的事情是很卑微的，哪怕是对于一件小小的事情，只要能够坚持不懈将其做到极致，就会有所收获，甚至有所成就。

人生旅程，你要不遗余力

记得坐在教室里当学生的时候，总是被父母告诫上课要认真听讲，又被老师教诲在学习上要全力以赴。的确如此，不管是做人还是做事，如果总是三心二意，无论如何也是不会有好成绩的。所以不管是当学生也好，还是走出校园进入职场成为职场人士也罢，在人生旅程的每一个阶段，我们都要全力以赴，不遗余力，才能拼尽所能，达成自己的梦想，实现自己的心愿，也让一切都如我们所愿，朝着我们所期望的方向发展。

人生路上，每当我们看到那些高高在上的成功者，总是会被他们深深地吸引和折服。我们只看到他们头顶耀眼的光环，却不知道他们在成功之前曾经饱尝生活的磨难，也被生活无数次刁难过。而他们之所以能够战胜人生中的诸多苦难，成功地实现人生的梦想，就是因为他们不止一次不遗余力在自己摔倒的地方爬起来，擦干眼泪，拍拍身上的尘土，继续奋勇向前。

现代社会，生活节奏快，工作压力大，职场上更是竞争激烈，似乎一切都进入快餐时代，人们恨不得以速成的速度完成所有的人生大事。为此也有人说，在二十一世纪，人们不再用心做事，而是变得特别浮躁，没心没肺。再看看那些时常发生的大桥崩塌案，更让每个人都失去安全感，尤其是食品安全问题，更是成为每一个国民心中不可触碰的伤心事。这个时代到底怎么了？为何原本可以避免的惨剧总是接二连三地发生，为何导致这一切的原因不是技术能力的不足，而只是因为人们的三心二意、心神涣散导致的差错和失误？人啊，在用手做事的同时，能否也加上自己的心，让自己全身心投入呢？不得不说，这是整个时代的弊病，也是让全人类都为此而忧心忡忡的难题。

很久以前，有个老木匠工作了一辈子，建造了很多漂亮结实的房子。但是他的妻子儿女还在乡下，他的年纪也越来越大，所以他向老板告辞，想要告老还乡。老板考虑到老木匠的确已经老迈了，因而答应了老木匠的请求。但是他对老木匠也有个要求，那就是希望老木匠在临回乡下之前再建造一座房子。老木匠同意了。

也许是因为思家心切，老木匠干活的时候显然心不在焉。老板看在眼里，却没有说什么。老木匠急急忙忙把房子建造好，就喊来老板交接钥匙。老板把老木匠交到他手里的钥匙又还给老木匠，说："你跟着我东奔西跑一辈子，我早就想送一幢房子给你。这幢房子也是由你亲手建造的，就作为我送给你的退休礼物吧，你可以让妻子儿女来到城里与你团圆，你也可以享受天伦之乐。"老木匠拿着钥匙愣怔在那里，他满脸通红，非常羞愧，恨不得找个地洞钻进去。他暗暗想道：我一生之中建造了很多漂亮结实的房子，却在建造最后这幢房子的时候三心二意，粗制滥造，偏偏这幢房子是我要养老的房子，我怎么就没能站好最后一班岗呢？！

现实生活中，和老木匠一样的人并不在少数，他们不管是对待工作还是生活，总是三心二意，不愿意使出自己所有的力气。最终，他们不但是对他人不负责，也让自己变得非常被动。实际上，用心绝不仅仅是对待工作的态度，更是我们对待人生的态度。当用心了，我们就会深入生活，也会发现生活中那些美好的事情和值得珍惜的一切。

古今中外，几乎所有的成功人士都在全力以赴做自己想做的事情，他们之所以能够成功，就是因为他们的坚韧不拔和坚持不懈。而且他们的心态很端正，他们既对自己负责，也对别人负责，因而从不糊弄了事。即便遇到什么问题或者有不如意的地方，他们也不会一味地抱怨他人，而是首先从自己身上找原因，从而反思自身，也不断地提升和完善自身。现代社会，除了实力之外，我们无法用任何东西为自己代言。所以朋友们，从现在开始就全力以赴做好自己该做的事情吧，当你凸显出自身的价值，还愁老板不能对你刮目相看吗？每一天开始的时候，我们不妨提醒自己——今天，我要全力以赴！每一天结束的时候，我们也不妨扪心自问——今天，我全力以赴了吗？如果你总是得到肯定的回答，那么恭喜你，你距离成功也就不远了。

第 10 章

除了走出安逸区，你还能做什么

人总是贪图安逸的，这是因为人的本性就是趋利避害，谁也不愿意让自己的人生陷入艰难困苦中。然而，人生也是无常的，有的时候带给我们的是惊喜，有的时候带给我们的是惊吓，既然无法左右人生，我们就要更加努力和用心，不断提升和完善自我，从而才能兵来将挡，水来土掩，在人生之中更从容淡然，也最终创造出属于自己的精彩人生。

不要成为人人可欺的好好先生

人在职场，你是好说话的，还是不好说话的？当然，好说话的人人缘很好，也总能得到大家的交口称赞，但是却未必能在工作上有出色的表现。这是因为他们总是过于好说话，因而导致毫无自己的主见，也变成了人见人欺的软柿子和老好人。其实，人虽然应该善良，但是却不要无原则地对所有人好。一个人如果在职场上对所有同事都有求必应，鞍前马后，那么日久天长，他们必然会成为人人都要求助的人，也会因此让自己在工作中变得非常被动，总是遭遇各种各样突如其来的“麻烦事”。

职场上，上司并不欣赏所谓的好好先生，那些总是有求于人的同事只有在需要帮忙的时候才会想起他们而已。这是因为职场上一个萝卜一个坑，每个人都有自己的分内之事和本职工作，而如果总是放下自己的工作去帮别人，浪费有限的时间和精力，那么上司必然因为好好先生对本职工作完成得不好，而对好好先生感到很不满意。所以明智的朋友不会对所有人都有求必应，因为他们很清楚，唯有做好自己该做的事情，再有的放矢地帮助他人，才能首先提升和完善自我，在此基础上经营好人际关系。否则一旦本末倒置，举个最简单的例子，一个原本负责办公室管理工作的人为了帮助清洁工打扫办公室，却导致办公室的管理工作乱无头绪，那么他当然会遭到上司严肃的批评。哪怕他帮助清洁工把办公室打扫得再干净，他也得不到上司的认可，还会因为闹出这样的笑话，被同事们嘲笑。所以职场上从来不需要泛滥的同情心，而是需要公私分明，公事公办。

作为一名职场新人，顿冉非常勤快。刚进入职场时，她的工作任务不重，又加上她从不偷懒，总是第一时间就把工作做完，因而她就会主动帮助其他同事打下手。渐渐地，同事们都很喜欢找顿冉帮忙。然而三个月过去，顿冉度过了试用期，成为正式员工，工作量突然增大，工作的内容也变得更重要。这样一来，顿冉每天应付自己的工作都需要全身心投入，不敢浪费一分一秒的时间，当然也就没有时间像实习期那样去热心帮助其他同事了。

有一次，有个同事和往常一样急着去拜访客户，因而就把一份文件拜托给顿冉处理。这原本根本不属于顿冉的工作范畴，因为不好意思，顿冉也应下了。为了完成这份文件，顿冉延迟了两个小时下班，才把文件做好。次日，那个同事看到办公桌上整整齐齐的文件，非常感谢顿冉。渐渐地，看到顿冉依然好说话，越来越多的同事在有了着急的事情或者做不完的文件时，都会直接拜托给顿冉。还有几个同事简直把顿冉当成了他们的助理，根本不觉得是在找顿冉帮忙，而是觉得给他们打下手就是顿冉的分内之事。有一天，顿冉接到了两份意外的工作，虽然晚上加班到十点多，也没有完成自己的工作。次日，当她带着熊猫眼去上班时，被上司在晨会上劈头盖脸数落了一顿。顿冉嗫嚅着说："我昨天帮助其他同事做了两份文件，才耽误了自己的工作……"上司不由分说，怒斥顿冉："谁是你的上司？你是服从我的安排，还是服从其他同事的安排？这种情况下不为例，不管你有任何借口和理由，如果我再发现你延误工作，那么就请你走人。"其他同事全都在一边静静地听着，谁也不敢吭声。

那些同事真的把顿冉当成了软柿子，就在顿冉被怒批一顿的下午，又有一个同事说自己着急下班赶赴约会，想要把工作委托给顿冉做。顿冉这次不敢再随便接下他人的工作，因而硬着头皮对那个同事说："实在对不起，我还有工作没有完成，早晨我被上司怒批一顿你也看到听到了，我真的不想失去这份工作。请原谅！"顿冉的话说得不卑不亢，那位同事被拒绝虽然生气，却也不敢明目张胆地指责顿冉。就这样，他不得不留下来加班，直到把工作完成才下班。接连拒绝了几个人之后，顿冉在办公室里的口碑明显不如从前了。但是顿冉很清楚，这样做是对的，哪怕被大家埋怨也总比丢掉工作强。渐渐地，大家不再找顿冉帮忙了，顿冉呢，当看到有同事的确有实际困难的时候，还是主动帮忙。例如有一次办公室里一位老同事家里孩子生病，顿冉就主动加班，帮助老同事完成表格和文档。渐渐地，大家了解了顿冉的苦衷，除非紧急情况，再也不随便使唤顿冉了。

在这个事例中，上司说得一点儿都没错，不管顿冉是因为帮助谁，只要影响了自己的本职工作，就应该受到批评，而上司也完全没有理由包容顿冉。毕竟职场上人人都有自己的岗位和分内的事情，唯有每个人都把自己的工作做好，职场才能维持正常的运行秩序。如果人人都像顿冉一样总是忙着帮助他人，而丢掉了自己的工作，那么职场就会变成一团乱麻，根本无法正常运转。

在职场上，我们要与人为善，但是却不要成为好好先生和滥好人，否则就会被那些见缝就钻的同事钻空子，成为他们免费的劳动力。实际上，顿冉一开始之所以本末倒置，导致自己非常被动，就是因为她没有为自己建立界限意识。最明显的表现就是，哪怕知道别人的请求是越界的，她也不好意思直接拒绝。殊不知，真正的尊重不是委曲求全就能换来的，而是要先尊重自己，也尊重他人，才能得到他人的尊重。常言道，有人的地方就有江湖，而职场上会聚着各种各样的精英人才，这些精英人才又有着不同的性格，所以职场也就成为了人心险恶的江湖。从现在开始，人在职场，一定要坚持自己的原则，不要轻易答应他人的请求，而是要学会拒绝，从而更好地保护自己的合理利益和权益。

不忘初心，牢记人生的原则

现代社会，每个人都在行色匆匆中生活。人是群居动物，作为社会的一员，每个人更是要肩负起各种各样的责任，也要与形形色色的人打交道。既要兼顾生活，又要做好本职工作，尤其是人到中年更是上有老下有小，这就注定了人生之中每个人都活得很艰难而又沉重。在日复一日的忙碌中，人们很容易忘却了初心，也无法再坚持人生的原则。然而，舍本逐末只会导致结果不尽如人意，哪怕人生再艰难，我们也要继续坚持下去，才能熬过人生的沟沟坎坎，也能从容应对人生中的各种突发情况和意外。以不变应万变，不但是武术高强的人选择的招式，也是普通人面对人生的不二法宝。

很多人都过于在意他人的眼光，总是想得到他人至高无上的评价。实际上，每个人的人生都是独一无二的，也是不可复制的。哪怕他人成功的经验看起来很简单，我们也与他人是完全不同的，也根本不可能复制他人的成功。真正的人生出路，在于我们要客观认知和评价自己，走出属于自己的人生之路，从而也能够坚持初心，坚持原则，活出独属于自己的与众不同的精彩人生。

娅菲和男友已经认识六年了。他们从高中时期就开始谈恋爱，整个大学在异地恋中度过。然而如今他们虽然在同一个城市工作，却因为真正生活到了一起，距离太近，而产生了很多矛盾。正如人们常说的，相爱容易相处难。娅菲原本怀着欣喜若狂的心情和男友相聚，却发现在共同的生活中，她根本无法忍受男友的脾气秉性。原来，娅菲是一个神经大条的女孩，待人处世非常宽和，从不较真。但是男友却是个小心眼的人，不管对什么事情都斤斤计较。尤其男友还是个醋坛子，哪怕娅菲和其他的男同事或者男性朋友多说一句话，男友也会马上变脸，使得娅菲非常难堪。

有一次，娅菲和部门里的同事一起出去聚餐，上司做东，因而要求大家谁也不许迟到早退，一定要吃好喝好玩好。虽然想到男友会因为自己晚回去而不高兴，但是娅菲也不好提出先离开。就这样，才刚刚十点钟，男友就打电话来催促娅菲回家。原本，女同事们都羡慕娅菲的男友紧张娅菲，在乎娅菲，不承想，娅菲刚刚挂断电话半个小时，男友的电话又打过来了。当听到娅菲说宴会结束后还要与同事们一起去唱歌，男友当即在电话里大喊大叫起来。娅菲觉得有些难堪，赶紧挂断电话。不到半个小时，正当大家吃饱喝足准备去歌厅唱歌时，才走到酒店门口，就发现娅菲男友脸色阴沉地站在那里。同事们都觉得很尴尬，赶紧和娅菲告别，让娅菲跟着男友回家。回到家里，娅菲生气极了，和男友大吵一架，谁知男友非但没有认识到错误，反而批评娅菲，让娅菲以后再也不要参加这样无聊的聚餐活动。

当然，这样的事例还有很多，也导致娅菲和男友之间争吵不断。思来想去，虽然娅菲也舍不得放弃这一段坚持了六年多的感情，但是她还是毅然决然地提出了分手，因为她很清楚自己不可能一生都这样被人约束着度过。

在这个事例中，娅菲的选择无疑是理智的。她从高中开始与男友恋爱，高中时期因为忙于学习，彼此之间根本没有深入的了解。到了大学，他们又在不同的城市读书，因而只能进行朦胧美好的异地恋。直到大学毕业后真正争取来到同一个城市工作，在一起生活，娅菲才认清楚男友的脾气秉性，也意识到自己不能这样委屈求全一辈子。所以她经过慎重思考后向男友提出了分手，完全是理智的决定。

在爱情之中，不管是男人还是女人，都要拥有自己做人的原则和底线。现实的爱情中，很多人为了所爱的人在爱情中卑微到尘埃里，总是一味地退步和忍让，殊不知，爱情再美好，也敌不过岁月，哪怕为了爱情，人们也不可能完全迷失自我。所以面对一个把自己看得死死的爱人，不如果断选择放弃，重新开始人生，也好过在结婚之后因为彼此不能相互容忍而离婚。

每个人都是这个世界上独一无二的个体，不仅在爱情中要保持自己鲜明的个性，在生活和工作中，我们同样要坚持自我，不忘初心。否则，一个人一旦做事情毫无原则和底线，最终必然会迷失在一味的妥协中，也必然会被他人否定，甚至被社会淘汰。所谓不忘初心，方得始终。做人做事，都是如此。

在食物链中，你占据哪一个环节

大自然中存在食物链，总有人觉得食物链非常残酷，因为食物链的规则就是弱肉强食。正所谓大鱼吃小鱼，小鱼吃虾米，虾米吃烂泥。其实，不仅自然界中的生物遵循食物链的原则，就连人类社会，也是有食物链的。那么在食物链中，你到底占据哪一端呢？毫无疑问，占据食物链顶端的人，就像位于金字塔的塔尖高高在上，而位于食物链底端的人，无形中就沦落为社会底层，不管做什么事情都很被动，对于人生也缺乏主动性和操控性。不得不说，这就是社会的不平等。虽然一直提倡人人平等，但是迄今为止也只达到了人格上的平等，而根本不可能实现面面俱到的平等。

正是这种社会现状，很多人才会绞尽脑汁往社会上层拼搏和奋斗，尤其是那些农村的孩子，因为从小生活在农村，更是要努力学习，拼尽全力考上最好的大学，才能留在大城市里，成为大城市的一员，也间接地为自己的孩子奠定了更高的起点。不得不说，这个社会上存在很多不平等的现象，诸如很多人从出生开始就含着金汤匙，他们或者是官二代有权有势，或者是富二代占据社会中大量的财富和资源。作为普通人，也许穷尽一生努力拼搏也无法得到他们的起点，难道我们作为普通人就要因此而放弃努力了吗？当然不是。在龟兔赛跑中，乌龟看似根本不可能赢得比赛，可就是因为坚持比赛，所以它最终反而实现了逆袭，超过了不小心睡过了头的兔子。人生之中，我们也要有乌龟的精神，绝不在比赛中轻易放弃，只要比赛还没有结束，就要坚持不懈地往前爬去。古人云，“不积跬步无以至千里”。哪怕进步的速度再慢，只要我们能够持之以恒，最终就一定会取得良好的结果。

在自然界里，猎豹的奔跑速度是最快的，能够达到每秒钟二十米。因而猎豹在捕捉猎物时，根本无须四处寻找猎物，而只要守株待兔，守候在草丛中屏息凝气，等待猎物靠近它的身边，经过它的眼前。这时，猎豹只要一跃而起，就能马上抓住那些体格不如它强大的猎物，诸如兔子等。然而，如果遇到大型的猎物，猎豹就要费一番周折。诸如遇到斑马、角马之类的猎物，因为这些猎物体格比猎豹大，所以猎豹很难一招制敌，而需要与猎物纠缠一会儿，才能成功制服它们。

猎豹很擅长捕捉猎物，所以它几乎从不吃过夜的食物，而是喜欢吃新鲜的猎物。也因为草丛中潜伏着猎豹这个致命的杀手，很多小动物总是成群结队出行，从而努力寻找安全的所在。有的时候，为了避开猎豹的追击，它们不得不四处迁徙，居无定所。然而和保全生命相比，哪怕承受迁徙的劳累也是完全值得的。可惜，自然界中总是危机四伏，在迁徙的过程中，小动物们哪怕避开了猎豹，也会遇到狮子、狼、老虎等食物链顶端的动物，最终成为这些动物的美餐。

从小动物的遭遇上我们不难看出，不管是留在一个地方还是四处迁徙，处于食物链底端的小动物都很难成功摆脱被人果腹的厄运。根本的原因不在于它们不够勤奋和聪明，而在于它们所处的位置。人类社会中也是如此，要想不被他人压制，遭受不公正的待遇，抱怨是没有用处的，最根本的解决之道在于我们要努力提升和完善自己，让自己从山脚到达山巅，才有机会在险峰领略风景无限的美好。

如今的社会，到处都是“快鱼吃慢鱼”的节奏。不管是个人还是企业，要想获得长足的发展，取得杰出的成就，就必须振作起来，打足精神，才能适应社会竞争的需要，也才能成为人上人，成为自己人生和命运的主宰。朋友们，赶紧绷紧每一根神经吧，也许你稍不留心，就会沦落为食物链的底端，那么命运也就堪忧了。唯有时刻保持警醒，不断顺应形势强大自己，我们才会拥有精彩绝伦的人生！

成功永远始于当下这一秒

虽然生活的节奏越来越快，工作催促得人连喘息的时间都没有，但是整个社会都有一种非常奇怪的现象，那就是很多人都越来越喜欢拖延，恨不得停下手中的一切事情，把所有工作都拖到明天再做。他们陷入了一个误区，即觉得人生是非常漫长的，有无数个今天可以挥霍，有无数个明天可以期待，所以他们总是我生待明日。殊不知，我生待明日的结果，就是万事成蹉跎。他们最常挂在嘴边的话就是“今天太累了，我快忙死了，还是等等吧……”正是在这左一个等等右一个等等的过程中，他们渐渐迷失了自我，青春不再，也对人生失去了主动权。

人生的确很漫长，有几十年的时间，甚至有上百年的时间。而每年三百六十五天，每天二十四个小时，让人误以为这一生漫长得无休无止，无穷无尽，所以很多年轻人都以年轻为资本，肆意挥霍生命。却不知道在他们的无知无觉中，人生已经悄然溜走，一去不返。直到容颜迟暮，他们才想起曾经青春美好的岁月都被荒废了，尽管悔不当初，却悔之晚矣。

如今，年轻人的世界充斥着各种各样的琐碎事情，诸如看看朋友圈，半个小时不知不觉就溜走了。再和朋友聊聊天，追一追网络小说，整个半天的时间也都没有了。有些年轻人虽然有梦想，却从来没有决断力，这导致他们每天看似忙忙碌碌，却因为没有方向的指引和行动的支持，导致一切忙碌都是瞎忙，根本没有效率和成果。归根结底，原因正在于此。哪怕梦想再远大，如果没有行动作为支撑，梦想也会变成空想，也会导致我们的人生庸庸碌碌，毫无成就。

作为中文系毕业的好朋友，丽莎和小蕊一起进入同一家图书公司，都成了小编辑。对于自己的人生，丽莎有很明确的规划，她很喜欢编辑的职务，因而为自己制定的十年计划是成为主编。尤其是当看到主编每天风度翩翩、气质潇洒地来上班，丽莎更是如同打了鸡血一般，把主编当成了自己的人生榜样。相比丽莎，小蕊则是顺其自然派的。她总是说“命里有时终须有，命里无时莫强求”，并且以此为借口劝说自己不要过分较真，而要顺其自然。

正是因为这两种完全不同的人生观点，所以丽莎和小蕊对待工作的态度也截然不同。丽莎每天都把自己的日程安排得满满的，从不浪费工作时间里的一分一秒。丽莎这么做除了要在工作上卓有成效之外，也是为了让自己下班之后能全心全意的休息。但是小蕊呢，她别说上班日程满满了，就连早晨到达公司也总是不能准时。因为迟到，小蕊每个月都要被罚款好几百块钱，她自己却对此不以为然，觉得自己是艺术家的气质与风格，还说自己的懒散作风有当作家的潜质。这样两年过去，丽莎凭着勤奋刻苦，俨然已经熟悉了图书行业的流程，也能够自己把一整套图书全部做下来了。而小蕊依然只是个小小的编辑，只能做图书出版的某一个环节。一起进入公司的两个好朋友，起点也差不多，如今却有这么大的差距，不得不说都是她们自身决定的。

小蕊总是把希望寄托在命运，似乎命运能够让天上掉馅饼，让成功一蹴而就。实际上，命运从不会平白无故对一个人好，而是青睐那些努力的人。正因为如此，人们才说命运掌握在每个人自己手中，实际上也是在激励人们更加勤奋和努力。就像丽莎一样，她的编辑生涯使她对图书行业的认识越来越深刻，她不但学习到了知识，也积累了宝贵的经验，未来的职业生涯必然一片光明。而小蕊呢，对于这样一个不思进取的女孩，相信上司也不会有太好的印象，也许不知道哪一天就要卷起铺盖走人，重复找工作的痛苦过程了。

成功始于脚下。梦想再远大，也要从当下这一步迈出去才能开始实现。任何情况下，都不要觉得人生漫长得无休无止，实际上恰恰相反，没有人知道自己的人生将会何时戛然而止。既然如此，不管是对于生活，还是对于工作，我们都要打起十二分的精神来，才能不断地提升和完善自我，让自己进入到人生更高的层次，也获得更伟大的成就。

再多一点点毅力，你离成功越来越近

人生路上，很多人之所以失败，并非因为他们没有天赋，也不是因为他们缺乏信心和勇气开始，而只是因为他们的毅力差了那么一点点，导致他们在距离成功只有一步之遥的时候，选择了放弃。从这个角度来说，人与成功之间也许只差一点点毅力，在努力付出之后，也许只要继续坚持下去，成功就会不期而至。

作为举世闻名的发明大王，爱迪生发明了电灯，把整个世界的人们都带入了光明。然而，很少有人知道爱迪生发明电灯的过程。仅仅为了寻找合适的灯丝材料，爱迪生就尝试了一千多种材料，也进行了七千多次实验。直到最后，他才成功发明了电灯，为整个世界带来了光明，也因此为全世界的人都敬仰和铭记。试想，如果爱迪生缺乏毅力，在尝试了几十种灯丝材料后就被失败打击得体无完肤，也完全不愿意继续尝试了，那么可想而知，电灯终究还是会问世，但是却会晚很长一段时间。不得不说，爱迪生之所以能够成功发明电灯，与他坚持不懈进行灯丝实验是密不可分的。

现实生活中，很多人抱怨自己运气不好，甚至因此而放弃努力，但是他们能否问问自己：我可曾已经经历过成百上千次的失败？我可曾给自己更多的勇气和毅力，让自己在成功到来前能够继续坚持下去？如果答案是否定的，那么你一定要继续努力。如果答案是肯定的，那么你还是需要鼓起十二分的勇气继续努力。要相信，当努力到一定程度，奇迹总会出现。退一步而言，哪怕最终的结果不能让你满意，你也要坚信自己从失败中收获了宝贵的经验，这是任何不作为的人都无法得到的。

1907年，曾经成功横渡英吉利海峡的查德威克想要从卡德纳岛出发，横渡海峡，到达加利福尼亚海峡。她想挑战自己，再次创造举世瞩目的成绩。然而，约定挑战的日子到了，当天的天气并不好，海面上浓雾弥漫。查德威克在冰冷刺骨的海水中坚持了十六个小时，浑身冻得瑟瑟发抖，体力也逐渐耗尽，但是她没有看到岸边，她的眼前依然弥漫着浓雾。她不由得心灰意冷，觉得自己很难按照预期游到岸边，因而马上变得沮丧，甚至没有力气再挥动手臂。为此，心灰意冷的她对跟随的船只说："我不想继续游了，拉我上船吧！"这时，母亲和教练所在的船只也来到她的身边，母亲和教练不约而同地鼓励她："再坚持一下，马上就到岸边了，只有一英里远了。"查德威克根本不相信母亲和教练的话：如果距离岸边只有一英里，怎么可能看不到岸边呢？查德威克坚持要上船。到了船上，人们马上递给她热茶，还不等茶凉了，她就发现岸边近在眼前。

原来，距离岸边真的只剩下一英里了，只是因为浓雾弥漫，查德威克才看不到岸边而已。查德威克很懊悔，虽然她距离岸边只有一英里才上船，但是她这次横渡海峡的任务还是失败了。时隔不久，查德威克又选择了一天横渡海峡，这次她坚持不懈，最终成功地游到了岸边。

常言道，行百里者半九十。这句话告诉我们，一个人即使把一百里路坚持走完了九十里，也相当于完成了一半的路程，根本没有走完全程。就像事例中的查德威克，哪怕距离岸边只有一英里，她也与成功沾不上边。生活中，很多人都曾经遭遇这样的局面，那么就要告诫自己，千万不要在成功唾手可及时选择放弃。其实，不管做什么事情，毅力都是必不可少的，哪怕只是小小的成功，也离不开毅力的支撑作用。当然，毅力并非成功的充要条件，而只是成功的必要条件。正如人们常说的，万事俱备只欠东风，只有东风并不能保证事情成功，然而在一切因素都具备之后，必须东风到才能让成功也马上到。这就是毅力与成功之间的关系。所以我们所说的毅力保证成功，是在其他成功因素都已经具备的情况下，而不能片面地看待。

纵观古今中外，大多数成功者都是有毅力的人。他们并不是因为天赋异禀或者得到命运的青睐才成功的，而是因为他们在面对艰难坎坷的时候总是坚持不放弃，所以才彻底征服了命运，收获了自己的精彩人生。从无数成功者以毅力书写的成功传奇中，我们不难得到一个道理，那就是成功者需要顽强的毅力才能攀登上人生的巅峰，也才能创造生命的奇迹。

走得太容易的路，都是下坡路

很多喜欢爬山的人都知道，上山是很艰难的，从山脚下到山顶，总要付出很多的汗水，也要耗尽大部分体力。然而，下山的路却很容易，也许我们需要花费大半天的时间才能爬到山顶，但是只需要花费一两个小时就能到达山脚下。所以人们常说，走得太容易的路都是下坡路，走得艰苦的路，也许恰恰意味着我们正在不断攀升的过程中。

大多数人都会羡慕他人的成功，总觉得他人之所以获得成功，不是因为有天赋，就是因为运气好。实际上，我们只看到他人身上的耀眼光芒，却不知道任何人的成功都不是一蹴而就的，更没有任何人的成功是唾手可得的。当看到别人有独到之处时，我们更应该想到他人在获得成功之前必然经历了很多的磨难，也吃尽了苦头。古人云，“天将降大任于斯人也，必先苦其心志，劳其筋骨，饿其体肤，空乏其身，行拂乱其所为，所以动心忍性，增益其所不能……”古人告诉我们，一个人要想担当大任，必然要付出比常人更多的努力，承受比常人更多的苦难。所以看到那些成功者，明智的人不会急于羡慕他们的成功，而是会想到他们曾经的付出。

现代社会，有很多年轻人都追星，他们只看到明星的光鲜亮丽，却没有看到明星在名声大噪之前付出的坚持和毅力。很多明星都是年纪很大了才出名，诸如吴秀波，就是变成大叔才出名的。在真正出名之前，吴秀波做过很多行业，进入演艺圈之后，也是长久地跑龙套，毫无名气。正是因为坚持不放弃，他才最终成名，成为了男神级别的人物。还有最近的屏霸靳东，也是以演话剧起家，在很长时间内都默默无闻，直到人到中年，才成为屏幕霸主，变得炙手可热。总而言之，每一个人的成功史都同时是一部血泪史。我们唯有在看到他人成功的同时，也看到他人成功背后的付出和坚持，才能从他人的成功经验中学习，提升自己，也让自己距离成功越来越近。

人生就像淘金，很多时候我们不知道哪里能淘到金子，就只能不断地坚持和付出，不断地努力。如果你抱怨自己命运不济，那么就要反思自己是否努力得还不够，是否成功的时刻还没到来。唯有鼓起勇气继续坚持，你才终有一日获得成功。所以朋友们，从现在开始不要再盲目地羡慕他人了。唯有从自己做起，从当下这一刻开始努力，人生之路才会在你的脚下展开。

很多职场人士都喜欢看《职来职往》，也就认识了刘同。他们被刘同的心思敏捷和言语犀利所折服，也渐渐地了解了刘同。原本，刘同只是一个在幕后工作的人，他先从记者做起，每天都要四处奔波，而且还要绞尽脑汁想出那些能让观众喜欢和开怀一乐的点子。哪怕下班了，他也从来不闲着，总是四处奔波，到各种地方寻找好创意。

很多农村的亲戚朋友在电视上看到刘同，都以讹传讹，居然说刘同这么频繁地出现在电视屏幕上，肯定年薪百万。实际上，那个时候的刘同一年的工资才一万多元。为了不让等着发红包的亲戚朋友们失望，刘同甚至连春节都不敢回家。亲戚朋友们怎么会知道，刘同微薄的工资甚至养不了自己呢！为了改变现状，刘同不得不调换工作。后来，他进入光线传媒，也开启了自己人生的新篇章。刚开始时，刘同的工作就是为娱乐节目写笑话，因为认真负责，笔不辍耕，刘同的笑话越写越好，甚至引起了领导的注意。然而，后来因为节目被取消，刘同也变得万分沮丧和失落。在接受新工作之后，刘同受到了老同事的质疑，为了帮助自己站稳脚跟，也为了找到出路，刘同再次开始攀升的道路。他坚持利用工作之余学习，而且还在几年的时间里出了好几本书。就这样，几经周折，已经成长和成熟起来的刘同再次回到光线传媒，现在已经成为了响当当的媒体人。

人生是螺旋式上升的，有的时候看似回到了原点，实际上只要坚持付出和努力，就能够高于原点，也让自己再次实现进步。刘同的人生正是这样的过程，他时而沉沦，时而崛起，又因为节目被取消看似回到原点，实际上他已经比当初的自己有了很大的进步。正是因为坚忍不拔的精神，刘同才能在人生的道路上不断奋进，也才能最终实现自己的价值，到达事业的巅峰。

人生就像爬山，不能总是走下坡路，因为下坡路虽然舒服，却会使人生变得越来越低，最终成为沦陷的汪洋大海。唯有觉得道路艰难，才是正确的人生姿态，也可以证实我们正走在向上的人生道路上。朋友们，你们现在是在走上坡路还是下坡路呢？如果觉得太过安逸，那么赶紧调整自己，让自己勇敢地攀升吧！

第 11 章

遇到过什么不重要，学会了什么才重要

人生之中，每个人都会有自己的经历，甚至有些人的经历相似，但是他们最终的命运和结局却各不相同。有的人从人生的困厄中崛起，最终功成名就，荣耀加身，有的人遭遇一次失败就彻底沉沦，再也无法鼓起勇气面对人生，导致人生局促不安，也一无所获。这完全取决于每个人面对人生的不同态度。

你为老板打工，也要为自己休假

现代的职场，几乎已经成为人间的地狱，几乎每一位职场人士都在抱怨无休止的加班、生不逢时郁郁不得志，也抱怨老板有眼不识泰山，不能认识到自己的价值。常言道，是金子总会发光的，难道我们就不能潜下心来等待自己发光的那一天吗？当然，推销自己我们也不能太被动，而要竭尽全力表现自己，在工作上做出成就，从而吸引老板更多地注意自己。这样一来，还怕老板不能赏识自己吗？所以加班有的时候是被迫的，有的时候是职员自己主动的。不管是哪种方式的加班，都不那么让人愉快，哪怕是职员心甘情愿地加班，其实也是为了让自己有朝一日能够进入老板的视野，在职业生涯中取得腾飞。

列宁曾经说过，一个人如果不会休息，那么他也就不会工作。曾经，美国的一家研究机构也专门针对工作效率展开调查，发现人在工作52分钟之后就应该进行短暂的休息，这样对提升工作效率是非常有好处的。遗憾的是，理想和现实之间总是相差甚远，很多职场人士几乎就是连轴转，根本没有时间休息。他们或者说工作压得自己喘不过气来，或者说自己的时间不够用，要趁着年轻多多打拼。不管是多么冠冕堂皇的理由，都不能成为我们只工作不休息的理由。

最近这些年，人到中年的职场人士猝死的事例不在少数。他们之中有的才三十出头，年纪大的也不过四十多岁。原本，三四十岁正是人生中的鼎盛时期，正是干事业的时候，为何他们就突然离开了人世呢？而且，三四十岁的年纪也上有老，下有小。记得2016年天涯主编在地铁站突然猝死，在网络上就引发了热议。人们不由得深思：没有了这个人，职场还是继续运转，公司还可以招聘新人，但是对于逝者而言生命已经逝去，留下嗷嗷待哺的孩子和满头白发的老人，无疑家庭的天就塌了。所以不管是从可持续发展的角度来说，还是从对家庭及亲人负责任的角度来说，作为中年的职场人，我们都要劳逸结合，既要会工作，也要会休息，这样才能调节好自己的身体，也让自己有更好的未来。所以我们说，作为职场人士，我们的确在为老板打工，但是我们更要为自己休假，为家人照顾好身体。

现代社会是一个快节奏的社会，很多东西都进入快节奏之中，甚至想停都停不下来。在北京的街头上，曾经有一个编程员在骑着自行车等待红灯的时候，居然一只脚撑着地，就那样站着睡着了。2017年的春节，有一个年轻人带着一家老小回家乡过年，在春节后连续十几个小时疲劳驾驶回到大城市里的家中后，一觉醒来，竟然猝死。这当然不会是连续开车十几个小时导致的，而是因为身体平日里就积劳成疾，所以压根经不起最后一根稻草的压迫。现代社会太多这样的案例，让人在扼腕叹息的同时，也不由得感慨生命的无常。

曾经有机构进行调查发现，现代职场加班几乎已经成为常态，朝九晚五已经成为可望而不可即的梦想。尤其是很多压力巨大的行业，诸如销售、金融、网络研发等，更是因为加班加剧了压力，使人根本无暇喘息，更没有时间休息。可想而知，当身体始终处于连轴转的状态，每天都要持续工作十几个小时，还有工作效率可言吗？这只是在透支员工的身体健康和生命而已。如果作为企业的管理者能够合理管理，安排好员工的作息，员工也不要当拼命三郎，而是为了实现可持续发展注意调节自身的节奏，那么相信在多方的努力下，最终一定能让这个变态的职场恢复如常，也能让每个人的心都从悬着的状态慢慢地放下来，从而在完成工作之后悠然地享受慢生活。与其浪费所有的时间做无用功，不如提升工作的效率。这就像是孩子们学习一样，有的孩子玩中学，但是如鱼得水，所以成绩优异。有的孩子根本没有时间玩，几乎每时每刻都在学习，但是却因为三心二意，导致效率低下。唯有会学习的孩子，才能在学习上如鱼得水。而不善于学习的孩子，哪怕付出了加倍的时间和精力，也无法起到良好的效果。

朋友们，一定要记住，公司是老板的，我们拿着老板的薪水固然要为老板创造效益，却不能搭上自己所有的生活。工作的时候就全身心投入，把工作做好，休息的时候就彻底把工作抛之脑后，无忧无虑地享受假期，这样才是真正懂得生活也会生活的人。身体是革命的本钱，是人生无数个0前面的1，如果没有健康的身体，我们的一切努力有什么意义呢？唯有厘清生活和工作的关系，在生活和工作之间找到平衡点，我们的人生才会更幸福充实。

迎风奔跑，风会吹散你的眼泪

生活中，总有些人看到他人过得比自己好，就因此而愤愤不平，仿佛他人所拥有的一切都是从自己手里抢走的一样。实际上，他人过得好不是错，错就错在看着他们过得好的一些人没有端正自己的心态，所以在人生之中总是失去内心的平衡。在这个世界上，每个人都是独一无二的个体，每个人的命运都是不同的。正所谓各有各的好，有的人也许才华横溢，但是家境却很困苦，有的人虽然家境优渥，自身却又才疏学浅。这就像有人的长得高，但是皮肤黑，有的人皮肤白，却又矮胖矮胖的。从这个角度而言，造物主是很公平的，他从来不把所有优点都放在一个人身上，也从来不把所有缺点都放在一个人身上。每个人，总是既有缺点也有优点，每个人的人生总是既有顺遂如意也有坎坷艰难。

一直以来，默默都觉得非常苦恼。从小学阶段懂事开始，她就为自己有一个酒鬼爸爸而万分沮丧。别的孩子遇到为难的事情，回到家里总能和爸爸妈妈说，但是默默不管有什么事情都不敢告诉爸爸，因为爸爸高兴了喝酒，生气了也喝酒。记得小时候的很多个春节，别人家里都在高高兴兴地过大年夜，唯独默默的爸爸已经喝醉了，家里人老老小小连大气也不敢出，生怕把爸爸吵醒，爸爸会发酒疯。

虽然生活很艰难，但在父母的争吵声中长大的默默并没有放弃对生命的努力。相反，她学习上认真刻苦，以优异的成绩考上了北京的大学。大学毕业后，她孤身一人留在北京奋斗，远离家乡，也远离父母。虽然一直以来默默最大的心愿就是彻底离开父母，这样就不用整日提心吊胆地再看着爸爸的脸色过日子，但是她很担心妈妈，最终在买了第一套小房子之后，她还是把爸爸妈妈接到了身边。如同噩梦一般的生活又回来了，每次爸爸喝醉酒发酒疯，默默都恨不得自己马上死去。然而等到爸爸清醒了，她又于心不忍，不忍心把爸爸妈妈再送回家里。为了把爸爸妈妈留在身边，也为了自己能在结婚之后过清净的日子，默默又有了一个新的梦想，那就是在小区里再买一套房子，这样既可以照顾爸爸妈妈，又不用和他们一起居住。就这样，默默又开始了新的奋斗。终于在认识现在的男朋友之后，他们俩一起努力，攒钱又付了首付买了房子。就这样，默默终于实现了人生的梦想。

对于一个从小就在爸爸喝醉酒的阴影中长大孩子，默默无疑是非常坚强的。没有经历过酗酒者家庭的人，无论如何也想象不到会是怎样的绝望和无助。然而，默默就这样不断地努力，先是如愿以偿地考上了大城市的大学，接着留在大城市。在把父母接到身边后，又因为难以相处，她萌生了第二个梦想，那就是再买一套房子，把父母留在靠近自己的地方。这样一步一步地，默默完成了很多在大城市漂着的人连想都不敢想的事情——买了两套房子。虽然房子不能代表什么，但是房子却是奋斗物化的标准，也是对默默一切努力最直截了当的定义方式。如果默默当初因为家境不好，就放弃努力，那么她一定不会有今天。她当然哭过，但是她虽然哭着，却始终没有停下人生中前进的脚步。最终，她的眼泪被风吹干了，她也迎来了人生中顺遂的生活。

如果生活很艰难，如果你很想哭，如果你还不想让人看到自己的眼泪，也不愿意向命运屈服，那么你就要迎着风奔跑，相信风终究会吹散你的眼泪，你也一定能够实现人生的目标。一个人，不管做什么，也不管想要实现怎样的人生，都必须先确定目标，继而再以顽强的毅力坚持不懈地走下去。不要急功近利奢求回报，凡事都有一个从量变到质变的过程，而唯有坚持才能帮助我们走过这个阶段，也帮助我们实现人生的一切美好。

遭遇一切，最重要的是有所收获

很多人，在人生之中遭遇了很多事情，但是那些事情如同过眼云烟，很快就在他们的心中消散了。正所谓雁过留声，人过留痕，如果事情发生之后和未曾发生一样，那么对于人生还有什么意义呢？最重要的是，遭遇过一些事情后，我们要有所反思，有所收获，才能在事情发生之后有所进步。也许有些朋友会感到很疑惑，不是说要学会忘记吗？为何又要抓住曾经发生的一切不放了呢？的确要学会忘记沉重的过往，然而这与我们在事情发生之后及时地反思并不冲突和背离。

常言道，失败是成功的阶梯。一个人之所以能够在人生的道路上不断攀升，就是因为他们能够从失败中汲取经验和教训，也能够踩着失败的阶梯不断进步，提升和完善自我。和得到了什么相比，其实遭遇什么并不是最重要的。因为遭遇的一切都已经成为历史，只有从中汲取经验和教训，才能使失败得以升华，成为未来进步的推动力。

对于有些事情，重要的是过程，对于另外的一些事情，重要的是结果。人生是一次没有归途的旅程，所以过程很重要，结果也很重要。我们不能不顾一切就奔向人生的终点，也不能因为过程中小小的不如意，就觉得人生无望，因而陷入被动之中。对于人生而言，哪怕失败了，也比毫无作为要好，至少失败能够告诉我们哪条路行不通，让我们在下次尝试时可以避开那条路。这样，也是一种收获。常言道，处处留心皆学问，面对人生，不管是失败还是成功，我们都要淡定从容，从而努力学习，吸收，也努力渗透，从而渐渐地参悟人生中的喜怒哀乐，也看淡人生中的悲欢离合。

很多朋友都看过龟兔赛跑的故事，原本慢慢吞吞的小乌龟，之所以能够战胜兔子，跑到第一名，就是因为它从不放弃，也不管自己比赛的过程中爬得有多慢，它始终在坚持不懈地攀爬，最终反而赢得了比赛，让小兔子追悔莫及。人生途中，我们也许不是遥遥领先的那个，甚至还会因为各种突发的情况导致暂时落后，这一切都没关系，因为人生不是百米冲刺，而是马拉松长跑。只要坚持不懈，我们总会扳回一局，甚至成功逆袭。当然，也有可能我们就是那只兔子，但是千万要注意，不要像兔子一样骄傲哦。如果你因为外界的干扰，或者因为骄傲自大而忘记了自己的初心，那么试想一下，你此前的付出就会完全因此而付诸东流，你根本没有可能改变局面，赢得成功。这种情况下，岂不是赔了夫人又折兵，导致人生毫无成就可言么！一切都告诉我们，过程固然重要，但是结果也非常重要。这正应了本文的标题，遭遇了什么不重要，重要的是我们能从遭遇中反思，学到一些东西，总结人生的经验。

在整个华尔街，没有人不知道花旗集团的首席财务官兼执行总裁克劳切特。如今的克劳切特风头正盛，受到无数人的瞩目和钦佩，然而大多数人都不知道的是，克劳切特在获得成功之前曾经遭遇了很多艰难坎坷，甚至在上任之初也被人质疑和否定。毫无疑问，这些都是人生中的打击，换作别人，也许会感到非常沮丧，甚至没有信心和勇气继续向前了。但是克劳切特却偏偏不是这样的，外界的压力越大，她就越坚强，最终成为了华尔街上一朵铿锵有力的“铁玫瑰”，名声在外，粉丝无数。

克劳切特的童年并不幸福，她长相平平，笨手笨脚，还曾经因此招致很多同学的嘲笑。所以她对于童年的回忆，总是充满着不好的感受，也觉得心碎。让人感到惊奇的是，默默无闻的童年并没有使克劳切特对自己失去信心，相反，她在经历了自卑而又自闭的一段人生后，变得非常努力，只为了证明自己的实力。在此过程中，母亲的支持也帮助克劳切特重新树立起信心，并且坚定不移地继续努力，而完全不在意他人的眼光。渐渐地，克劳切特找回了自信，学习上也取得了突飞猛进的进步。离开学校之后，克劳切特就像变了一个人一样。直到1994年，她下决心成为研究分析师，却遭到了华尔街上所有公司的拒绝。为了避免她错过拒绝的邮件，美邦公司甚至接连发了两封拒绝邮件。在短暂的沮丧之后，克劳切特依然毫不气馁，继续努力，最终她成为了华尔街的“铁玫瑰”，活出了比大多数人都更精彩的人生。

现实生活中，相信很多朋友也会有和克劳切特一样的烦恼，甚至在很长一段时间里都自我否定，根本不知道自己要如何做才能实现人生的价值。在这种情况下，再加上他人的否定和嘲讽，必然使得信心被打击得丝毫不剩。然而，不经历风雨怎能见彩虹，越是艰难的时刻，越能够凸显人生的本色。所以朋友们，不要再为并不能代表什么的结果而耿耿于怀，唯有释然开怀，奔向更加远大的目标，我们才能避免舍本逐末，也才能更好地面对人生中的各种过往。

鹰是这个世界上最长寿的鸟类，鹰的寿命可以达到七十年。然而，鹰活的时间长了，羽毛会越来越厚重，身体也日渐笨拙，为了让自己活得更好，鹰必须忍痛蜕变。顽强的鹰用自己的喙猛烈地击打岩石，直到喙完全脱落。然后，鹰再用重新长出来的尖锐的喙拔掉自己的脚指甲，从而才能长成新的脚指甲。而为了脱掉一身笨重的羽毛，鹰必须一根又一根地接连拔掉羽毛，从而才能等待新的轻盈的羽毛长出来。这样一来，鹰宛若获得新生，又可以飞到辽阔的天空中尽情翱翔。此时此刻，它所忍受的一切痛苦都是有意义的，也有了至高无上的价值。为了再次在高空翱翔，鹰都能对自己如此残忍，更何况是我们作为万物灵长的人类呢？面对人生中的坎坷磨难，我们完全可以释然，因为唯有真正的释怀，我们才能反思自身，提升自我，也更好地行走人生，缔造人生。

凤凰涅槃，人生也要浴火重生

在西方的传说中，不死鸟菲尼克斯每过五百年，就要把自己燃为灰烬，然后再从灰烬中浴火重生，获得永生。这个传说其实有着很深的寓意，凤凰在烈火中化为灰烬，恰恰意味着它所承载的一切快意恩仇都随着烈焰消失，最终美好成为生命的永恒。凤凰涅槃的传说也告诉我们，唯有经历肉体上的磨炼，人的精神才能得以升华，也成为恒久的存在。俗语说凤凰涅槃，人生也要经过烈火的淬炼，才能浴火重生。在人生之中，当我们遭遇各种各样的坎坷磨难时，先不要急于抱怨命运，而要勇敢地面对磨难，从磨难中站起来，超越磨难，最终成就无比坚强的自己。

日常生活中，细心的朋友会发现，各种各样的抱怨总是不绝于耳。诸如有人抱怨父母没有把自己生得漂亮或者高大威猛，有人抱怨自己生不逢时，不能揭竿起义，有人抱怨自己总是太倒霉，不管什么糟糕的事情都能赶得上，还有人抱怨孩子不够优秀，哪怕不停地提醒自己孩子是亲生的也依然被气得火冒三丈。难怪人们总是说“人生不如意十之八九”呢，原来人生真的充满了各种不如意，而且也总是会带给我们形形色色的惊讶和惊吓。

为了安慰自己受伤的心灵，我们不由得想起《孟子》中的一段话：故天将降大任于斯人也，必先苦其心志，劳其筋骨，饿其体肤，空乏其身……由此不难看出，能够担当大任的人必然要经历各种磨难和考验，而普通人要想在人生之中如愿以偿获得成长，走向成功，也必须忍受人生的苦难和磨难，从而才能战胜命运，成为人生的主宰。

对于很多人生中遭遇重重磨难最终却成功逆袭的人而言，人生就是一场绝地反击的战斗。所以每个人生下来就要成为斗士，而不要因为自己不如他人起点高，就轻易地放弃努力。要记住，哪怕我们穷尽一生奋力拼搏之后的终点也比不上别人的起点，我们依然要努力。而命运之所以给我们一个更低的起点，就是要通过绝地反击来证明我们的实力和能力。三千越甲可吞吴，世界上充满了奇迹，只要我们的心永不放弃。

举世闻名的大文豪巴尔扎克曾说，对于强者而言，挫折与不幸是晋升的阶梯，而对于弱者而言，却是无底的深渊，哪怕穷尽一生也无法挣脱。的确，一个人要想成为人生真正的强者，主宰命运和人生，就要坦然乐观地面对人生中无数的天堑鸿沟。不可否认，人生是客观的，哪怕我们主观的力量再强大，也不可能在人生中如愿以偿。所以我们要做的是在失败面前鼓起勇气，越挫越勇，坦然迎接失败，从失败中汲取经验和教训，避免再次承受同样的遭遇。记住，哪怕命运剥夺了我们与成功的缘分，我们也依然有权利幸福快乐、乐观向上地面对人生。

1976年，一个先天残疾的女婴在美国艾伦敦市的一个普通家庭出生。女婴的父亲是个泥瓦匠，母亲是个销售员。女婴的残疾很严重，一出生就没有长腓骨，导致小腿完全丧失功能。为了保住女孩的性命，在女孩一岁生日时，父母签字让医生锯掉了女孩的小腿。随着年纪越来越大，女孩也意识到自己是残疾人，因而变得非常沮丧，对人生也失去了信心。这时，母亲告诉她：“孩子，你来到这个世界上就是要经历磨难的，擦干眼泪，你的眼泪是珍珠。”女孩始终牢记着母亲的话，从悲伤中走出来，对人生再次充满信心，斗志昂扬。

因为家庭贫困，父母无法更好地保护女孩，也不能支付昂贵的学费把女孩送到残疾人学校。为此，女孩不得不和所有正常的孩子一样去普通的学校读书、学习。随着不断成长，女孩接受了五次矫正手术，即便如此，她身体上的残疾还是非常明显。每当觉察到人们异样的眼光，女孩就觉得非常苦闷，也感受到了巨大的压力。为缓解内心的焦虑不安，女孩经常和弟弟们一起运动，还会通过泡热水澡的方式缓解自己的紧张情绪。后来，女孩学习成绩很好，还申请到奖学金，为自己解决了读大学的学费问题。

在体育老师的鼓励下，女孩变得越来越自信，居然报名参加了一百米赛跑。不承想，在比赛的过程中，女孩的义肢突然掉落，她在惯性作用下重重地摔倒在地。在场的观众们都很震惊，但是体育老师却挥手示意女孩安装好义肢，继续奔跑。比赛结束后，体育老师告诉女孩："人生就是一场比赛，停下来的人注定失败。"从此，女孩更加顽强不屈地在人生之路上奔跑，后来，她更是作为残疾人运动员参加比赛，获得了很多次冠军。女孩的事迹感动了很多美国人，后来，她居然在英国知名服装设计师的邀请下，带着义肢走上了展示时装的T台。如今，她成为了举世闻名的残疾模特，并且以自己的从容勇敢征服了全世界的人。她就是艾米·穆斯林，她就是那个从来没有被残疾打败的传奇。

人生是一场漫长的旅途，既有康庄大道，一眼就能看到尽头，也有蜿蜒曲折、充满坎坷的小路，道路两旁既有美丽绚烂的鲜花，也有茂密丛生的荆棘。当在人生的路上遭遇风雨泥泞，难道我们还有回头路可走吗？当然不可能。人生是没有回程的单程旅途，我们哪怕无数次遭遇挫折，也只能越挫越勇，勇往直前。很多明智的父母都知道，当孩子不小心摔倒时，不要急着去扶起孩子，而要让孩子依靠自己的力量爬起来，从而才能帮助孩子积聚力量，更加勇往直前。否则，一旦父母不管不顾就扶起孩子，渐渐地，孩子会越来越依赖父母，最终成为温室里的花朵，一旦摆脱父母的照顾，就无所适从。

人生中真正的强者，是能够挣脱内心的束缚，坦然迎接命运的人。他们对待命运最坚强的姿态，不是与命运抗衡，而是接受命运，就像接受自己与生俱来的一切那么自然而从容。唯有如此，他们才能与苦难共生，也才会把苦难视为人生中必不可少的一部分，从而主动反思苦难，提升自我，也锻造人生。明智的朋友们要记住，就算生活永远对我们冷漠，我们也有无数个理由对着人生绽放来自心底的微笑。

看遍千山，你才知道山的真味

一个人如果在生命之中总是一帆风顺，那么他就无法领悟生命的坎坷和磨难，更无从知道生命的真谛。就像一个人从未见过大海，哪怕在心中无数次想象海的样子，也总是在亲眼见到海的那一刻被海惊艳，甚至感到欣喜若狂。同样的道理，一个人如果从未见过大山，就无法想象山的巍峨和高大，更无法得知征服大山的喜悦和豪迈。因而，无论我们多么热爱生活，也无论我们能够从生活中感知到多少感动，在没有经历任何人生坎坷的情况下，我们都不知道生活的味道，更无法洞察生活的真相。

有人说，生活就像被打翻了的五味瓶，总是酸甜苦辣咸五味俱全。我们要说，生活也是一个坏孩子胡乱涂出来的颜色盘，总是万紫千红却又毫无规律可言，让人看得眼花缭乱，未免怀疑自己的眼睛看到的一切是否是真实的。归根结底，生活是真实的，真实得可以触摸，生活也是虚无的，因为生活中的很多事情都无法操控和掌握。常言道，人生不如意十之八九，这是因为人生从来不会循着我们的期望向前发展。很多时候，我们哪怕再努力耕耘，心中满怀憧憬和渴望，也不可能得到自己想要的一切。相反，生活常常给人们痛楚的打击，使人猝不及防，却依然要强颜欢笑。提起强颜欢笑，不免想起一件关于笑的事情。笑有很多种，有发自内心的，有勉强伪装出来的，也有言不由衷的，也就是强颜欢笑。很多朋友在生命中一旦遭受打击，马上就会表现出一副哭脸，甚至沮丧绝望，殊不知，哭泣在任何时候都没有作用，只能帮助人们宣泄情绪而已。而哪怕是假装微笑，也能有效缓解紧张的情绪和沮丧的心情，使得一切都回归到正轨。所以当感到心情落寞的时候，不如强颜欢笑，既是骗别人，也是骗自己，渐渐地，我们就真的坚强乐观起来了。

当然，道理人人都懂，但是依然有很多人还是对生活怨声载道。他们不是对生活不满意，就是对工作不满意，总而言之，他们很难如愿以偿，这也是命中注定的。人世间众生百态，各有各的幸福，各有各的苦恼。唯有学会平衡自己的内心，洞察生命的真谛，我们才能更从容地面对人生，也才能真正走出内心的禁锢，尽情地享受人生。

很久以前，有个人非常善良，总是热心地帮助遇到苦难的人。也许是因为在人世间的修行合格了，所以死后，他进入了天堂，还成为了天使。当了天使之后，他也没有改变自己乐于助人的本性，而是经常下到凡间，希望竭尽所能地帮助更多的人，完成他们的心愿。

第一天，天使遇到了一个愁眉苦脸的农夫。农夫看起来郁郁寡欢，因此天使问农夫：“可怜的人儿，你怎么了？”农夫回答：“我家的奶牛死了，全家人再也没有牛奶喝了。”天使马上赐予农夫一头奶牛，农夫高兴得又蹦又跳，对天使千恩万谢。天使也很高兴，因为他从农夫身上知道了什么是幸福和满足。

第二天，天使遇到了一个打工的女人。这个女人正在哭泣，天使赶紧走上前去，问女人怎么了。女人一把鼻涕一把眼泪地说：“我的钱包被偷了，我没钱买车票回家了！”解决这个问题对天使而言轻而易举，女人高兴极了，归心似箭的她马上买了车票回家。

第三天，天使遇到了一个学识渊博的人。这个文化人看起来也闷闷不乐，天使关切地问：“你怎么了。”文化人说：“我没怎么，不愁吃不愁喝，还事业有成，但是我唯独缺少一件东西？”天使很纳闷，一个人衣食无忧，还缺少什么呢？文化人似乎看穿了天使的心思，说：“我缺少幸福。”这可把热心的天使难住了，幸福是什么呢？有了奶牛和钱，文化人也不幸福，由此可见幸福就是人间百味，每个人对幸福都有自己的理解和定义。

关于金钱，曾经有人说，金钱不是万能的，但是没有钱却是万万不能的。的确，金钱买得来房子，买不来家；买得来药品，买不来健康；买得来床，买不来好的睡眠；买得来婚姻，买不来爱情……仔细想一想，这个世界上有很多东西都是金钱买不来的。然而，金钱也能成就很多事情，诸如用金钱帮助贫困地区的孩子们读书，用金钱给缺医少药的人提供援助。尤其是现代的社会生活中，很多时候没有钱简直寸步难行，举步维艰。所以明智的人会摆正金钱在生活中的位置，可以用金钱创造幸福，但是不要用金钱取代幸福，而且金钱也完全不能取代幸福。

生活中除了金钱，还有很多让人为难的事情。在人生的旅途中，总有人要经历各种坎坷挫折，也有人有看不尽的春花秋月，享不完的荣华富贵。不管是怎样的人生，我们都不要因为生活的尘埃而蒙蔽了眼睛，只要我们的心保持清澈明净，我们的人生就不会落满灰尘。越是当生活远离我们的预期时，我们越是要昂首挺胸，在人生的大道上阔步向前。就像变化无常的天气，今天是阴雨，明天也许就会雨过天晴。在人生每一个难熬的时刻，我们不如换一个角度去看待生活，也用宽容的胸怀接纳生活的点点滴滴和反复无常。笑对人生，朋友们，你们做到了吗？

第 12 章

想要安逸的未来，先努力放下安逸的现在

人人都想人生岁月静好，却不知道一切的美好都不是凭空得来的，而是要靠着自己长久的努力和坚持。古人云，人无远虑，必有近忧，尤其是如今生活在安逸之中的人，更不要被温水煮青蛙的幸福麻痹了心灵，而要努力放下现在的安逸，全力以赴奔向人生的目标，未来才能因为今日的辛苦得到更多的安宁和美好，人生也不再局促紧张。

你只能依靠自己获得安全感

人人都想获得安全感，然而，安全感说起来虽然只有轻飘飘的三个字，要想真正获得，却是很难的。尤其是很多女孩在寻找人生伴侣的时候，总是要求对方有责任心，能给自己安全感，却不知道安全感的获得不能寄托在任何人身上，只能自己给自己。对于大多数女性而言，安全感都是非常重要的，甚至是她们用来判断一个男人是否值得托付终身的重要依据之一。

现实生活中，偏偏很多人都觉得安全感只能从他人身上获得，只是因为他们对自己没有信心，总是把人生的希望寄托在他人身上。很多极度缺乏安全感的人，甚至不敢一个人待在家里，更不敢一个人去洗手间，必须有人陪同，他们才能壮起胆子完成一些事情。那么，如何自己给自己安全感呢？其实，安全感并非来自于他人，而是来自于我们自身，一个人安全感的唯一来源就是自己。很多年轻人都喜欢追星，都特别关注关于明星的逸闻趣事，而很多明星看起来光鲜亮丽，实际上他们也是很缺乏安全感的。也许有些朋友会觉得纳闷，明星有什么缺乏安全感的呢？当然，女明星缺乏安全感情有可原，毕竟她们想要收获美满的爱情，也希望在人生之中能够拥有主动权和主宰的权利。那么男明星呢？要风得风，要雨得雨，还缺乏安全感吗？实际上，男明星也会缺乏安全感，甚至很多有钱的富豪，在面对爱情的时候也会畏缩不前，因为他们很担心女人是因为看上了他们的钱，所以才对他们曲意逢迎。由此可见，每个人生活在这个世界上都需要安全感，不管是男人还是女人也都在寻求安全感。作为一个顶天立地的人，除了要坚强自立之外，我们更要提升和完善自我，让自己变得强大起来，才能真正获得安全感。

作为著名影视剧演员，马苏曾经饰演过很多影视剧中的角色，也因此吸引了众多粉丝。不过在早些年，大多数人之所以关注马苏，还是因为她是孔令辉的女朋友。然而，这样的一场情缘在走过十一年之后，还是不可挽回地分手了。作为外人，我们无从得知他们分手的真正理由，然而他们之间发生的一件事情却一直流传着，从中也可以看出马苏作为女明星还是很缺乏安全感的。

有一天，马苏和孔令辉闹别扭，冲动之下，孔令辉居然让马苏滚。骄傲的马苏当即就拎起行李离开了孔令辉的家，然而家在东北的她直到出门之后才发现，自己根本没有地方可去，只能一个人在夜晚的街道上四处游荡。她不好意思向朋友求助，也不想让朋友们知道她和孔令辉吵架的事情。从此之后，马苏就意识到一件事情：作为女人不管是否结婚了，都要有自己的家，都要有自己做主的地盘。后来，虽然马苏和孔令辉和好了，但是她还是在观湖国际开盘时，拿出自己所有的积蓄付了一百万元的首付，买了一套一百七十多平方米的房子。此后，马苏每个月都要省吃俭用支付高达两万元的月供，在当时名气并不大的马苏甚至生活都变得紧张起来。后来，整整用了六年的时间，马苏才断断续续把房子装修好。在置办这套房子的整个过程中，尽管孔令辉主动提出要帮助马苏，但是马苏全都拒绝了。她的梦想就是拥有一个完全属于自己的空间，所以她宁愿像蚂蚁搬家一样，也不愿意接受孔令辉的慷慨帮助。当家完全收拾好，马苏觉得浑身轻松，因为她知道自己从此之后再也不会无处可去了。

不得不说，马苏是一个非常倔强的东北姑娘，在很多女孩都恨不得不劳而获的时代，她选择拒绝他人的帮助，而完全依靠自己的力量给自己一个家。这既是一个女人的尊严，也是一个女人对自己的承诺，给自己的安全感。马苏的心有了归属，相信哪怕和孔令辉分手，她也会骄傲地说：我从来不是攀缘的凌霄花。在娱乐圈里，有很多女明星都盼望着嫁入豪门，也有很多女明星活得骄傲而有尊严，因而能够活出自己的精彩。比如如今的范冰冰从扮演金锁开始，到现在成为国际大腕，她完全可以底气十足地说：我就是豪门！再如，哈林的前妻——娱乐圈里的同道中人伊能静也是非常自立自强的。在和哈林的婚姻存续期间，她在与哈林共同的家附近买了一套属于自己的房子，每当与哈林有了口角之争，她就会回到自己的家里，平复心情。

从这些女明星的身上，我们不难看出，真正的安全感是要靠自己给予的。现实生活中，很多女人都把安全感挂在嘴边，却总是不知不觉间就以安全感绑架了他人。真正有安全感的女人，一定是自信的女人，哪怕面对陌生的人，去到陌生的地方，她们也能从容自若。为了培养自身的安全感，我们还可以学会积极的自我暗示方法，诸如告诉自己“我能行”“我可以做到”“我真的很棒”等。这些话看起来是形式主义，实际上却能有效地帮助我们建立安全感。此外，在遇到危机的时候坦然面对，在人生遭遇意外的时刻挺直脊梁，这些都是形成安全感的好办法，也是督促和激励我们不断成长的好办法。当我们从自己身上得到安全感，我们就会变得越来越自信，也会变得更加强大起来。

与其把希望寄托出去，不如自己保管

孩子摔倒的时候，如果没有人扶他起来，他就会停止哭泣，自己爬起来，拍拍膝盖上的泥土，继续该玩就玩，该走就走。孩子为什么突然之间变得勇敢而又坚强了呢？这是因为他们身边没有人可以依靠。否则，如果孩子摔倒的时候爸爸妈妈或者爷爷奶奶在身边，那么他们一定会撒娇地哭起来，甚至在长辈来搀扶他的时候，哭得更加厉害。连小孩子都懂得的道理，成人又怎么会不懂得呢？所以明智的人从来不给自己太多的依靠，而是激励自己凡事都靠自己，任何时候都靠着自己。正所谓靠山山倒，靠人人倒，只有靠自己才是最可靠的。

现实生活中，很多女人都会犯依靠他人的错误。她们不想奋斗，就把希望寄托在第二次投胎上——选择婚姻。殊不知，随着时代的发展和观念的开放，找老公再也不是找长期饭票。很多婚姻短暂到令人不可思议，最短的婚姻甚至只能维持几个小时。当然，离婚自由，也是伴随着婚姻自由发展起来的，但是纯粹自由的状态也给无数的青年男女敲响警钟，再也不要以为爱情一旦进入婚姻就是进了保险箱，与其把人生的希望寄托在他人身上，我们不如自立自强，绝不依靠他人而活着。所谓经济基础决定上层建筑，尤其是女人，千万不要一时脑门发热为了所谓的爱情就做出牺牲，放弃工作回家带孩子，最终收获的只能是降低的家庭地位，和在爱人心中无足轻重的分量。明智的女人知道，唯有自立自强，才能与男人比肩而立，也才能赢得男人发自内心的尊重和爱。所以，她们哪怕再艰难，也不会放弃工作，而是会努力战胜困难，实现自己的价值。

当然，不管是男人还是女人，都要学会承担起自己的希望和肩膀上的重任。也不管是穷人家的孩子还是富二代，都要调整好自己的心态，更加坚决果断地行走人生之路。古人云，授人以鱼不如授人以渔，明智的父母在教养孩子的过程中，也会更好地调教孩子，放手让孩子努力生存，而不会为孩子把所有的事情都代劳了，导致孩子错失发展自身能力的好时机。记住，父母不可能跟随孩子一辈子，所以尽管父母是这个世界上最疼爱孩子的人，孩子也早晚有一天要自立。总而言之，人活在这个世界上，都要坚持靠自己，不要随随便便就把希望寄托在他人身上。

很久以前，有个男孩虽然勤奋好学，但是却因为家里很穷，不得不辍学干活。每到有闲暇的日子，男孩就会守在教室外面，听老师讲授知识。生活的磨砺没有消磨掉男孩心中对于生活的热爱，在长大成人之后，男孩决定离开家乡，去机会更多的大城市打拼。

男孩背起行囊，孤身一人来到大城市。然而，他没有文凭，也不认识任何人，所以在四处碰壁之后，他不得不准备回到家乡，去给农场主干些零碎的活儿。然而，已经成长为年轻人的男孩很不甘心，他决定在离开城市之前再努力尝试一次，这样也可以了无遗憾。思来想去，他给整个城市里最有名望的银行家罗斯写了一封信，在信里，年轻人动情地讲述了自己悲惨的人生经历，也对于罗斯提出了请求。年轻人希望罗斯能资助他上学，然后他会找一份好工作回馈罗斯。把信寄出去后，年轻人没有马上离开城市，而是住在最便宜的旅馆里，每天都热切盼望着罗斯先生的回信。然而几天之后，年轻人已经山穷水尽了，正当他绝望地收拾行李准备回家乡时，罗斯先生的信来了。在信里，罗斯先生对于年轻人的经历表示无动于衷，而且他还以鲨鱼在海洋里生存下来的故事隐晦地告诉年轻人，唯有自强不息，才是生存之道。年轻人读了罗斯的信，并没有得到自己想要的资助，但是他却心潮起伏，久久不能入眠。最终，年轻人决定留在旅馆里打工，而不要任何薪水，只要一张睡觉的床和一日三餐。旅馆老板当然欢迎如此廉价的劳动力，年轻人也因此而留在了大城市。十年之后，年轻人终于做出了自己的事业，成为闻名于美国的大富豪，最重要的是他还成为了罗斯的女婿，迎娶了罗斯最宝贝的女儿。他，就是在全世界范围内都无人不知、无人不晓的石油大王——哈特。

假如哈特当年离开了城市，也许他就无法成为石油大王。正是因为这种不服输的精神，哈特才会在离开城市之前给罗斯写了一封信，也才会得到罗斯的教诲。每个人从呱呱坠地开始就接受父母的关心和照顾，但是随着渐渐长大，人终究要离开父母的庇护，独自面对这个世界。既然连世界上最疼爱我们的人都不可能成为我们长久的依靠，我们还能靠谁呢？也许有些女孩会说，嫁得好就能改变命运，那么我们要说，唯有成就更好的自己，我们才能遇到更好的人生另一半。所以归根结底，我们还是要自立自强，才能以树的形象与所爱的人比肩而立。

朋友们，坚强吧，当你们足够坚强，人生的噩运也会消散于无形。命运的确是有所青睐的，但是命运青睐的是努力的、坚强的人。所以要想得到命运的善待，我们首先要让自己变得强大起来，才能在人生的道路上不断前行，勇攀高峰。

成功背后，总有无数的艰辛

现实生活中，仔细听一听，几乎每个人都会有很多的抱怨。诸如很多家庭主妇会说生活了无生趣，还有些上班族也会说前途无望，更有人恨不得自己的爸爸是李刚或者是马云，那样就能衣食无忧了。尤其是很多在大城市打拼的年轻人，生活质量降低，幸福感下降，每天说是朝九晚五，但是因为上班地点大多数在很远的地方，所以早晨天不亮就要起床，披星戴月了才能回家。好不容易到了周末，他们累得只能宅在家里，哪儿也不想去。生活对于他们而言，只剩下疲惫不堪，他们只想要休息。

难道现代人忙得只剩下生存，而完全不能兼顾生活了吗？很多人都感到困惑，不知道自己这样辛苦忙碌到底是为了什么？更不知道自己何时才能结束这样操劳的日子。很多人都感到困惑，想要结束这样的生活，却又不确定人生的出路到底在哪里。即使换一份工作，就能感到轻松吗？其实人生的本质就是这样的，没有人的人生会一帆风顺，几乎每个人的人生都充满了各种各样的不如意，很难完全顺心。要想坦然面对生活，就要端正自己的心态，既看到人生的不如意，也看到人生的美好，从而才能鼓起勇气，勇敢地一往直前，绝不退缩。

张明高中毕业后，没有考上大学，又因为家境贫困，父母无力供养他复读，所以只能背起行囊，去大城市打工。一个人初来乍到，张明两眼一抹黑，根本分不清东西南北，又因为没有一技之长，他只好从事销售工作。

对于从小地方初来大城市的张明而言，他刚开始从事销售工作完全是没头苍蝇，丈二和尚摸不着头脑。一连几个月，他都没有任何销售业绩，眼看着就要被开除走人了。这个时候，销售主管对他说："张明，我刚来大城市的时候，和你一样迷惘。但是我熬过来了，我总是告诉自己，既然别人能做的，我也能做到，因为我并不比别人缺少什么。就这样，我熬过来了，而且做到了今天这个位置。假如你也能咬紧牙关，不再迷惘，相信你也会拥有更好的未来。"主管的话帮助张明鼓起了勇气。张明决定继续留下来，哪怕不要底薪，也要做出个样子来。就这样，张明一鼓作气，每天都不遗余力地工作，很快就在工作上打开了局面，成功地签下了自己人生中的第一张订单。

每个人的成功都不是平白无故得来的。当我们在人生中面对艰难坎坷的时候，唯有坚持不懈，才能渡过人生的难关，让人生更加从容。记住，天上从来不会掉馅饼，更不会掉下成功。唯有坚持不懈，我们才能迈过人生的沟沟坎坎，让人生更加从容果断，奋勇向前。

当我们走过人生的泥泞和坎坷，我们总要感谢那段难熬的日子，才能让我们从容面对人生。每个人在不断成长、不断走向成熟的过程中，总会经历很多磨难。正所谓“宝剑锋从磨砺出，梅花香自苦寒来”，人生没有一蹴而就的成功。尤其是当我们出身贫寒，而且也不得不拼尽全力才能立足于世，我们就更要坚强，才能让自己变得强大，熬出属于自己的精彩人生。如果你经常听到成功人士诉说自己的成功经历，你会发现对于他们而言，最难忘的和值得骄傲的不是成功，而是曾经遭受的一切苦难和磨砺。所以朋友们，坚持吧，只有熬出来，人生才能豁然开朗，别有洞天。

今天多流汗，明天少流泪

行走在熙熙攘攘的大城市，大多数人都孑然一身，蜗居在城市的某一间阴暗潮湿的地下室里，或者与其他的室友合租一套房子。即便如此，他们依然努力地工作，希望有朝一日能够凭着自身的努力获得更好的结果。他们时常加班，有的时候一日三餐都是快餐，或者方便面，即使偶尔和朋友小聚，也要数着钱过日子，根本不能做到相对的财务自由。在这种情况下，有的人选择随波逐流，渐渐地忘却初心，有的人却坚持自我，从不轻易放弃，总是奔向自己的目标。他们是非常克己自律的，每天都在严格按照自己的人生计划行事，绝不轻易懈怠。

在别人赖在温暖被窝里的清晨，他们早早起床，或者晨跑，锻炼自己的意志，或者早读，学习英语。在别人花天酒地、纸醉金迷的夜晚，他们也在加班，或者参加培训班，有针对性地提升自己。不得不说，他们是坚强自立的人，也因为努力和坚持，变得与众不同。他们很清楚，只有今天多流汗，明天才能少流泪。在这种意念的支撑下，他们自然更加奋发图强，也更坚持不懈地努力。

作为大名鼎鼎的校草，罗蒙不仅家世显赫，而且人也是非常英俊帅气，最重要的是，他还特别努力，学习成绩优异不说，在各种比赛中都能夺得奖项，简直吸引了几乎全校所有的女生。用现在的网络流行语来说，罗蒙明明可以靠爹妈，他却偏偏要靠才华，要竭尽全力地拼搏。很多男生都羡慕罗蒙得天独厚的家世条件，罗蒙却总是说："我不想就这样庸庸碌碌度过一生，我相信只要努力，我完全可以成就独属于自己的人生。"就这样，大学四年，罗蒙一直在他人的冷言冷语中坚持奋斗。不管罗蒙多么努力，很多同学就是觉得罗蒙靠的是家世。直到大学毕业后，罗蒙开了一家公司，不但做得风生水起，而且还成为了行业中的佼佼者。后来，罗蒙更是抱得美人归，娶了一个漂亮而又有才华的妻子，组建了幸福的家庭。

虽然罗蒙是不折不扣的富二代，但是他对于自己的人生不但负责，而且拼尽了全力。他从不依靠父母过日子，而是依靠自己的实力打拼，最终赢得了属于自己的精彩人生。那些曾经对他不以为然的同学，最终都被他的实力代言闭了嘴，被他折服。

人生就是如此，没有人能够永远享受安逸，所谓的岁月静好，只不过是人们一厢情愿的奢望。从本质的角度而言，人生总是处于变化之中，如果停滞不前，就相当于退步。所以哪怕是对于人生没有过多奢望的人，也不要觉得人生不值得奋斗。唯有保持与时俱进，我们才能避免被人生的节奏甩下，也才能更加从容淡然面对人生。

不努力，永远不可能有收获

现代社会有一句流行语，即请人吃饭，不如请人流汗。不知道从何时开始，人们越来越关注健康和养生，从最初的把吃喝作为首要，到现在把健身运动和流汗排毒放在前面，这不但象征着人们观念的更新，也象征着社会的发展和进步。很久以前，有位伟大的领袖就曾说过，身体是革命的本钱。即使在现代社会，人们也知道健康的身体是1，其他的一切都是0。如果没有1作为基础，那么人生哪怕得到很多也终究会归零。由此可见，身体健康多么重要。

作为知名主持人，名嘴小S曾经说过，要么瘦，要么死。其实在演艺圈，尤其是在以瘦为美的当代社会，不但明星追求身材苗条，大多数普通人也都希望自己变得更瘦一些，更精干一些。不得不说，瘦已经不只是人身体的状态，更是人对于人生的态度和坚持。试想，一个人如果没有毅力管住自己的嘴巴，迈开自己的腿，那么又能成功地做什么事情呢？归根结底，人生是需要毅力和韧性的，每个人要想在人生的道路上获得成功，就必须足够坚持，决不放弃。

现在的综艺节目中，有些节目是关于减肥的。看着那些体重超标好几倍的肥胖者艰难地运动，哪怕一个仰卧起坐也不能坚持完成，让人在欢笑之余不由得流出眼泪。还有些年轻的女孩原本对于爱情有着无限的憧憬，却因为身体肥胖的原因总是深受打击。为了奔向幸福美好的前程，也激励自己鼓起勇气面对一切，她们决定要开展比赛，从而让减肥进度更加顺利。最终，她们不但战胜了肥胖，也战胜了自己的内心，突破了心中的囚牢，做到坦然从容地对待这个世界。

朋友们，任何时候都要看清自己的努力。归根结底，你在今天流的汗水和泪水，都会为你美好的明天奠定基础，从而让你在未来的人生中获得巨大的收获。也许有些朋友会质疑那些真人秀节目，觉得真人秀节目无限夸大了事实，也创造了夸张的效果。的确，每一档电视节目都需要提高收视率，才能更好地生存下来，而作为节目的创造者，能够如此不遗余力地做好一档节目，原本就是值得我们钦佩的。尤其是作为真人秀节目，不但不能PS照片，还要以真实的数据公开每一个成员在减肥之路上的进展，的确使人感到切实的压力。每一个肥胖者要想拥有美好的未来，今天就必须对自己足够狠，哪怕不能在最短的时间内使自己瘦成一道闪电，也会提起自己的精气神，让自己尽情享受人生的自信从容。

现实生活中，很多朋友看到他人的成就会感到惊讶和羡慕，却又抱怨命运不公平，没有给予他们同样的好运，使他们也能轻而易举就获得成功。实际上，这个世界上没有任何人的成功是一蹴而就的，天上也从来不会掉馅饼。我们与其羡慕他人的成就，不如反思自身是否也能够像他人一样付出，甚至比他人更努力。如果答案是否定的，如果在他人坚持努力的时候你却在花天酒地、悠闲自得，那么请马上停止抱怨，因为不曾努力的你根本无权要求获得什么结果。如今有很多人也为自己制定了跑步的计划及健康的饮食计划，但是真正能坚持下来的人却少之又少。那么不要羡慕他人已经瘦成了闪电，而且拥有了健康的体魄。最重要的是，你必须切实展开行动，而且坚持去做，才能最大限度发挥自身的实力，从而让自己赢得命运中最大的收获。古人云，“不积跬步，无以至千里，不积小流，无以成江海”。任何伟大的成就，都是由点点滴滴的努力汇聚而成的。所以不要看不上那些零碎的时间，也不要觉得小小的努力无关紧要，也许你今天迈出的小小一步就会成为让你的人生获得成功的关键一步，重要的在于，你必须坚持，而且决不放弃。

对于努力，很多人都存在误解，也迷信所谓的种瓜得瓜种豆得豆，实际上，努力未必有收获。那么，我们就可以以此为借口不再努力了吗？当然不是，因为努力了未必有收获的后一句是，如果不努力，就不会有任何收获。既然如此，我们为什么不努力呢？又有什么资格在不努力的情况下，奢求回报呢？所谓英雄不问出处，面对人生，我们也要付出不计收获，才能让努力得到回报，至少也体悟到人生更多的艰难辛苦，加深对人生的理解和感悟。

为了梦想，你付出过什么

对于生活，每个人都有无数个梦想，这些梦想无一不是与生活的富足和闲适相关的。相反，很少有人会梦想着要为生活付出更多的艰辛和努力。这原本也无可厚非，因为人的本性就是趋利避害，如果能活得更轻松，根本没有人愿意付出更多，活得更累。

如今，微信公众号炙手可热，很多人都热衷于自媒体，希望在自媒体的平台上更多地宣传自己，积攒人气，也因为各种各样的励志文章、心灵鸡汤，甚至是猎奇的文章层出不穷。这其中不乏有些颂扬梦想的文章，也有些文章是要教会人们如何为了梦想不断奋斗的，诸如有人靠卖菜买了几套房子，靠种地养活了几家人等。看了这些文章，有的人深受感动，也反思自己必须加倍努力，才能改变命运，也有人不以为然，觉得这些文章都是瞎编出来的，完全不符合逻辑。其实，这些文章本身是否完全可信并不重要，重要的是我们能够从这些文章中总结人生的经验，获得驱动人生前进的动力。对于每个人而言，不管人生的道路是坦途还是逆境，为了实现梦想，我们都要脚踏实地展开切实的行动，才能让自己的人生真正迈开脚步，奋勇向前。否则，哪怕梦想再美好，志向再远大，如果始终流于空想，也就根本不可能对我们的人生起到任何积极的作用。所以朋友们，不管人生的起点是高还是低，也不管通往成功的道路是平坦还是坎坷崎岖，都要坚持不懈地努力付出，才有资格奢望自己想要的生活。

也许有人觉得一直为了梦想而付出，但是梦想的实现却遥遥无期，这样的人生太累。但是谁的人生是永远一帆风顺的呢？如果今天不努力付出，为了实现梦想而坚持不懈，那么未来的日子里必然因为梦想的遥不可及，最终对梦想彻底绝望，也对人生彻底放弃。

作为年仅十岁的小男孩，莱蒂特别喜欢飞机，也很崇拜飞行员。随着年纪的不断增长，成为飞行员的梦想在莱蒂心中生根发芽，也激励着他不断努力。好不容易到了成年，莱蒂迫不及待地报考了美国空军学校。遗憾的是，莱蒂是个近视眼，所以在入学的层层考核中被淘汰了。为了无限接近自己的梦想，莱蒂丝毫没有因为失败而气馁，而是当即报名参加了地勤考试。一年之后，他顺利考入美国空军的地勤学校。他距离梦想越来越近了，也兴奋不已。

然而，莱蒂才刚刚到地勤学校报到，就得到了父亲猝然离世的噩耗。为了取代父亲，继续经营家里的超市，供养一家人的生活，莱蒂不得不从地勤学校退学，回到家里经营超市。在此后十五六年的时间里，莱蒂因为远离梦想，始终漫无目的地应付生活。后来，母亲也去世了，莱蒂关了超市，应聘成为一名司机，专门负责开卡车。从此之后，飞行的梦想又在莱蒂心中复燃。每天下午三点结束司机的工作后，莱蒂就会躺在后院，一边喝啤酒，一边出神地看着天空中偶然飞过去的飞机。他心中无限感慨，知道自己这一生距离梦想遥不可及。时间又过去三年，莱蒂有一天突然产生了一个大胆的想法。既然他已经命中注定成为卡车司机，再也不可能成为飞行员，那么他何不自己想办法飞到天上去呢？说干就干，莱蒂购买了很多氢气球，然后将气球牢固地捆绑在自己的躺椅上。当然，为了顺利降落，他还带了一把枪，这样等到了空中想要降落的时候，他就可以逐个击破氢气球，从而让自己缓慢降落了。

然而，大量氢气球带着莱蒂飞到高空中，上升的速度之快，使得莱蒂来不及打破气球，就已经距离地面三千多米了。为了平安降落，莱蒂不得不用电台联系航站楼，他可不想和高速行驶的飞机来个亲密拥抱啊。然而，航站楼的工作人员根本不相信莱蒂的话，不以为然地挂断了莱蒂的电话。等到他们验证了莱蒂所言属实，不由得紧张万分，赶紧遥控指挥莱蒂用枪按照顺时针的顺序逐个击破氢气球，莱蒂这才回到地面。惊魂未定的莱蒂情绪激昂，因为他真的为自己的梦想做了什么。因为这件事情，莱蒂也成为尽人皆知的大人物，后来电影《飞屋环游记》的编剧也受到了莱蒂的启发，才成功地拍摄了《飞屋环游记》这部经典影片。

当然，这并不是说我们要效仿莱蒂做出如此疯狂的举动，毕竟这样的举动不安全，也很可能危及生命。但是作为一个有梦想的人，我们却要学习莱蒂为了梦想不断努力的精神，因为唯有真正为梦想做些什么，我们才能在面对梦想时了无遗憾，当然更大的可能是梦想成真，人生也变得与众不同。

朋友们，你们曾经为梦想做了什么？如果没有，现在就马上行动起来吧！只要坚持不懈，持之以恒地努力，梦想就会给你惊喜的回报！

参考文献

[1]景天.别在吃苦的年纪选择安逸[M].南昌：江西教育出版社，2016.

[2]温言.你只是还未全力以赴[M].南京：江苏凤凰文艺出版社，2015.

[3]何德恺.不要在奋斗的年纪选择了安逸[M].北京：化学工业出版社,2016.